变形监测技术与工程应用

Deformation Monitoring Technology and Engineering Application

邱冬炜　丁克良　黄鹤　陈秀忠　编著

U0250072

WUHAN UNIVERSITY PRESS
武汉大学出版社

图书在版编目(CIP)数据

变形监测技术与工程应用/邱冬炜等编著.—武汉：武汉大学出版社，
2016.5(2021.12 重印)
　ISBN 978-7-307-17807-6

　Ⅰ.变… 　Ⅱ.邱… 　Ⅲ.建筑工程—变形观测 　Ⅳ.TU196

中国版本图书馆 CIP 数据核字(2016)第 087628 号

责任编辑:胡 艳　　　责任校对:李孟潇　　　版式设计:马 佳

出版发行:**武汉大学出版社** 　(430072　武昌　珞珈山)
　　　　(电子邮箱:cbs22@whu.edu.cn　网址:www.wdp.com.cn)
印刷:武汉科源印刷设计有限公司
开本:787×1092　1/16　印张:12　字数:301 千字　插页:1
版次:2016 年 5 月第 1 版　　2021 年 12 月第 5 次印刷
ISBN 978-7-307-17807-6　　定价:28.00 元

前　言

城市是我国经济、政治、文化、社会等方面活动的中心，是各类要素资源和经济社会活动最集中的地方。我国经历了世界历史上规模最大、速度最快的城镇化进程，城市发展波澜壮阔，取得了举世瞩目的成就。城市发展带动了整个经济社会发展，城市建设成为现代化建设的重要引擎。在城市建设工程的整个生命周期内，变形监测是验证和调整设计、分析和指导施工、评价和监控运营的重要技术环节。变形监测技术是保证城市建设工程施工与运营安全、全面反馈与监控设计和施工质量的一项关键技术手段。

变形监测技术是工程测量学的重要研究内容之一。伴随着测绘科学与技术的发展，变形监测技术已逐渐发展成为以精密定位技术、空间信息技术、电子技术和动态测控技术为主要特征的多种测量技术的综合集成，应用领域极其广泛。

本书结合变形监测技术的最新发展和工程应用实践，系统阐述了城市建设工程领域变形监测技术的理论和技术体系，由北京建筑大学、北京交通大学、铁道第三勘察设计院集团有限公司、北京城建勘测设计研究院有限责任公司、中国科学院高能物理研究所等科研院所的学者、教师和行业专家共同撰写，由北京建筑大学朱光教授主审。本书的作者如下：

北京建筑大学　邱冬炜、丁克良、黄鹤、陈秀忠

北京交通大学　杨松林、冯海涛

铁道第三勘察设计院集团有限公司　张冠军、王兵海

北京城建勘测设计研究院有限责任公司　王思锴

中国科学院高能物理研究所　董岚、李涛

本书由北京建筑大学学术著作出版基金、住房和城乡建设部科学技术项目（No. 2015-K8-050）、北京建筑大学科学研究基金项目（No.00331614027）资助。

在本书的编写过程中引用和借鉴了大量相关书籍和文章，在此向原作者致谢。另外，特向曾经参与和支持过著作写作和项目研究工作的有关专家和工程技术人员表示衷心感谢。

由于作者水平有限，书中难免存在不当之处，恳请同行和读者批评指正。

目　　录

第1章 概　述

在城市建设工程的全生命周期内，建(构)筑物的空间位置、形态和性态是建设工程的核心内容。此类空间位置、形态和性态的改变统称为变形，变形的性质和大小直接影响建(构)筑物的质量和安全。

变形(deformation)是指物体在外来因素作用下产生的形状、大小或者位置的改变。引起变形的外来因素主要包括外加力(applied force)和温度(temperature)。外加力常常造成物体产生位移、拉伸、压缩、剪切、弯曲、扭转等变化；温度会造成物体内分子间平均动能的改变，从而引起物体结构的变化。变形是自然界的一种必然现象，伴随着建设工程的始终。如果变形超过一定的限度，则会导致建(构)筑物的损坏，甚至引发危害，给工程建设及人民生命财产造成巨大损失，更有甚者将带来毁灭性的灾难。变形危害现象在城市建设工程中屡见不鲜，例如建筑物的倾覆、道路桥梁的沉陷、工程边坡的倒塌等，如图1-1所示。预防变形危害的方法是在城市建设工程施工和运营期间，对建(构)筑物的变形进行监视观测，从而掌握变形程度、揭示变形原因、总结变形规律、控制变形发展、防止变形危害。

图 1-1　变形危害现象示例

1.1　变形监测的概念

变形监测(deformation monitoring)，又称为变形测量(deformation surveying, deformation measurement)、变形观测(deformation observation)、变形监控量测(deformation monitoring measurement)，是指对物体的变形进行监视与测量。变形监测是一项用各种测量仪器设备对所监测物体在荷载和环境变化作用下产生的变形，进行数据采集、数据计算处理、变形分析与预报的测量工作。

1.1.1 变形监测对象与内容

在城市建设领域内，变形监测的对象有建(构)筑物及其地基、建筑基坑、一定范围内的岩体及土体，以及工程设施，等等。变形监测的对象常简称为监测体或变形体。

变形监测的工作内容就是对监测体的形态、位移、倾斜、挠度、裂缝、振动和相关影响因素(如地下水、温度、风、日照、压力、应力应变等)进行监测，并实施变形分析与变形预报。变形监测的内容，应根据监测体的特性、地基条件和影响因素情况来综合确定。对于不同类型的监测体，其监测的内容和方法具有差异性。

1. 形态监测

形态监测是对建(构)筑物的点、线、面、体的形态变化进行监测。点监测主要对端点、节点等特征点的空间位置进行监测；线由直线和曲线构成，线的监测包括长度、方向、曲率、挠率和空间位置等要素的监测；面的种类可分为几何形、有机形和偶然形三类，面的监测包括空间位置、法向量、大小等要素的监测；体监测主要包括体积、重量、容量、空间位置等要素的监测。

2. 位移监测

位移监测分为沉降监测和水平位移监测两类。监测体的空间位置在高程方向上的变化，称为垂直位移(或竖向位移)，通常简称为沉降。沉降是由竖向荷载作用下产生的竖向移动，包括下沉和上升两种形式，其下沉值或上升值称为沉降量。

监测体在水平面上发生的移动称为水平位移。有时也将非沉降监测直接简称为位移监测。

3. 倾斜监测

监测体的竖向中心线在不同高度的点对其相应底部点的偏移现象，称为倾斜。有时也将倾斜监测称为垂直度监测。

4. 挠度监测

弯曲变形时横截面形状中心沿与轴线垂直方向的线位移，称为挠度。挠度监测是对建筑的基础、上部结构或构件等在弯矩作用下因挠曲引起的垂直于轴线的线位移的监测。挠度与荷载大小、构件截面尺寸以及构件的材料物理性能有关。

5. 裂缝监测

裂缝是监测体在荷载作用下产生的缝隙，是监测体各部分形变不均匀导致的。裂缝监测主要对裂缝的分布位置、走向、长度、宽度、深度及其变化情况实施监测。

6. 振动监测

物体的往复运动，称为振动。振动可分为确定性振动和随机振动两大类。振动监测也称为动态变形监测，是对监测体在动荷载作用下产生的变形进行监测。振动监测主要测定监测体的振幅、相位、位移、速度、加速度等内容。

7. 影响因素监测

影响因素变形主要是指监测体在外界环境作用下产生的变形。影响因素监测通常包括地下水、温度、风、日照、应力应变的监测。影响因素监测一般采用传感器监测的方法。

地下水监测主要测定地下水的水位、孔隙压力、渗透性等。温度监测主要测定监测体的温度和一定范围内的大气温度。

对高层建筑物、大跨径桥梁在强风作用下产生的变形进行监测，称为风振监测。风振监测主要测定监测体所受的风力、风速、风向，以及产生的位移、振幅等。

监测体受阳光照射受热不均而产生的变形，称为日照变形。日照变形监测主要测定太阳光照强度、监测体向阳面与背阳面的温差、监测体的形态变化等。

应力应变是应力与应变的统称。物体由于外因(受力、湿度、温度场变化等)而变形时，在物体内各部分之间产生相互作用的内力，以抵抗这种外因的作用，并试图使物体从变形后的位置恢复到变形前的位置。在所监测的截面上单位面积的内力，称为应力。同截面垂直的应力称为正应力或法向应力，同截面相切的应力称为剪应力或切应力。应变是指在外力和非均匀温度场等因素作用下物体局部的相对变形。应力应变监测主要包括混凝土应力应变监测、桩基高(低)应变监测、锚杆(索)应力监测、钢筋应力监测、钢板应力监测、轴力监测等。

1.1.2 变形监测常用术语

变形监测对象和内容很多，涉及监测体的形状特征(形态)、性质状态(性态)、结构类型、构造特点、所用材料、荷载状况，以及外部环境等，因此变形监测已经成为以测绘学为核心，地球物理学、地质学、数学、力学、材料学、信息学、土木工程学等多学科、多专业的交叉科学技术。变形监测技术人员需要具备多学科的专业知识，才能完成变形监测的技术设计、测量监控、数据处理、变形分析、质量评定、安全评价等主要技术工作。变形监测工作常用名词术语总结如下：

1. 变形允许值(allowable deformation value)

建(构)筑物能承受而不至于产生损害或影响正常使用所允许的变形值。

2. 变形速率(rate of deformation)

单位时间的变形量。

3. 监测周期(time interval of monitoring)

前后两次监测的时间间隔。

4. 监测频次(times of monitoring)

单位时间内的监测次数。

5. 监测报警值(alarming value for monitoring)

为保证工程结构质量和安全，以及周边环境安全，对监测对象可能出现的异常和危险所设定的警戒值。

6. 建筑变形(deformation of building and structure)

建筑的地基、基础、上部结构及其场地受荷载和环境影响作用而产生的形状或位置变化现象。

7. 地基(foundation soils, subgrade)

支承基础的土体或岩体。

8. 基础(foundation)

将结构所承受的各种作用力传递到地基上的结构组成部分。

9. 基坑(foundation pit)

为进行建(构)筑物基础、地下建(构)筑物施工所开挖形成的地面以下空间。

10. 沉降差(differential settlement)

同一建(构)筑物的不同部分在同一时间段的沉降量差值，也称为差异沉降。

11. 基准点(benchmark，reference point)

为进行变形监测而布设的稳定的、需长期保存的测量控制点。

12. 工作基点(working reference point)

为直接观测监测点而在现场布设的相对稳定的测量控制点。

13. 监测点(deformation monitoring point)

直接或间接布设在监测体敏感位置上能反映其变形特征的测量点，又称为变形观测点、变形点。

14. 结构监测(structural monitoring)

频繁、连续观察或量测结构的状态。

15. 监测系统(monitoring system)

由监测设备组成，实现一定监测功能的软件及硬件集成。

16. 传感器(transducer，sensor)

能感受规定的被测量并按照一定的规律转换成可用输出信号的器件或装置，通常由敏感元件和转换元件组成。

17. 传感器频响范围(sensor frequency range)

传感器在此频率范围内，输入信号频率的变化不会引起其灵敏度和相位发生超出限值的变化。

18. 结构分析模型修正(structural analyzing model updating)

通过识别或修正分析模型中的参数，使模型计算分析结果与实际量测值尽可能接近的过程。

19. 近接施工(approaching construction，crossing construction)

新建工程临近或穿越既有建(构)筑物结构的施工过程。

20. 基坑支护结构(bracing and retaining structure of foundation pit)

为保证基坑开挖和地下结构的施工安全以及保护基坑周边环境，对基坑侧壁进行临时支挡、加固的一种结构体系。包括围护墙和支撑(或拉锚)体系。

21. 建筑边坡(building slope)

在建筑场地及其周边，由于建设工程开挖或填筑施工所形成的人工边坡和对建(构)筑物安全或稳定有不利影响的自然斜坡。

22. 锚杆(anchor)

将拉力传至稳定岩土层的构件(或系统)。当采用钢绞线或高强钢丝束并施加一定的预拉应力时，称为锚索。

23. 建筑工程质量(quality of building engineering)

反映建筑工程满足相关规定或合同约定的要求，包括其在安全、使用功能及耐久性能、环境保护等方面所有明显和隐含能力的特定总和。

1.2 变形监测的作用和应用

城市建设工程的全生命周期一般可分为设计、施工、运营三个阶段。变形监测是验证和调整设计、分析和指导施工、评价和监控运营的重要技术环节。变形监测技术是保证城市建设工程施工与运营安全，全面反馈与监控设计和施工质量的一项关键技术手段。

1.2.1 变形监测的作用

变形监测的作用主要体现在安全、质量、科学三个方面。

1. 安全保障

建设工程的施工安全和运营安全是建设工程的第一要务。由于城市建设工程受地质条件、施工工艺、建设材料、外界环境变化等众多因素的复杂影响，建(构)筑物在施工和运营期间的形态和性态持续变化，无法准确获知或评价。变形监测能够准确发现建(构)筑物的隐患和风险，分析和评价安全状态，以便及时采取措施，防止危害的发生。

2. 质量监控

工程质量综合反映建(构)筑物的使用功能和耐久性能，是建设工程成败的关键。在设计和施工期间，由于存在设计和施工人员在经验、技术水平、能力等方面的局限性，施工环境的不确定性和难以预见性，以及施工技术和材料的制约性，工程质量难免存在缺陷。变形监测可以获得监测体的空间状态和时间特性，并据此验证和调整设计参数，优化和改进施工技术，从而指导施工，确保工程质量。

3. 科学研究

通过变形监测积累的数据资料，能够总结建设工程的变形规律和变形特点，为工程设计理论、变形分析理论、工程施工理论提供科学服务，为相关领域的科学研究提供技术资料。

1.2.2 变形监测的应用

变形监测已广泛应用于各种城市建设工程，如在建筑物施工过程的沉降监测，基坑工程施工过程中的围护结构位移、倾斜和应力监测，高速铁路的轨道板、道床结构变形监测，地铁区间隧道施工监测和穿越工程既有地铁变形监测，用测量机器人、地面摄影测量、地面激光雷达对超高层建筑的变形监测，等等，如图1-2所示。变形监测的应用范围越来越广，应用深度也逐级深入。在重大城市建设工程中，变形监测已成为强制性开展的工作任务。

图 1-2　城市建设工程变形监测应用

1.3 变形监测技术的发展

变形监测技术是20世纪50年代发展起来的新兴学科方向，最早应用于大坝和地下工程的安全监测。由于建设工程直接关系到人的生命和财产安全，国际社会对建设工程的变形问题日益关注，推动了变形监测技术的快速发展。国际大地测量协会(IAG)、国际测量师联合会(FIG)、国际矿山测量协会(ISM)、国际岩石力学协会(ISRM)、国际大坝委员会(ICOLD)等诸多国际学术组织对变形监测技术的研究给予了高度关注。国际测量师联合会第十三届工作会议上提出：如果变形观测是为了使变形值不超过某一允许的数值，以确保建筑物的安全，则其观测的误差应小于允许变形值的1/10~1/20；如果是为了研究变形的过程，则其误差应比这个数值小得多，甚至应采用目前测量手段和仪器所能达到的最高精度。

我国从20世纪80年代初逐渐开展变形监测技术的研究与应用。陈永奇教授在1988年出版的著作《变形观测数据处理》中系统地论述了变形监测技术的理论和数据处理方法；吴子安教授于1989年出版了《工程建筑物变形观测数据处理》；1993年发布的GB 50026—93《工程测量规范》中首次加入了变形测量的内容。时至今日，涉及变形监测的规范标准达数十个。

在城市建设领域内，变形监测的数据获取方法和技术手段发展迅速，依次经历光学机械监测、数字自动监测和微变信息监测三个阶段。(1)20世纪90年代前，是以光学水准仪、经纬仪、螺旋测微器、正倒垂线、引张线、土压力盒等光学机械式测绘仪器为代表的光学机械监测阶段；(2)20世纪90年代，进入了以全站仪、GNSS、近景摄影测量、振弦式传感器等技术为代表的数字自动监测阶段；(3)21世纪以来，发展成为以测量机器人、激光跟踪仪、三维激光扫描、地基合成孔径雷达(GBInSAR)、微电子机械系统(MEMS)、电式磁式和光纤光栅式传感器等技术为基础，以互联网、云计算、大数据、专家系统等信息技术为代表的微变信息监测阶段。变形监测的技术手段向精密化、动态化、智能化、网络化的方向纵深发展。

变形分析是变形监测中最为关键的环节之一。大量的监测数据如果不进行整理、分析、解释和反馈，就无法实现对工程的监控和变形危害的报警。变形分析是在对监测数据进行粗差探测与消除、数据格式化等数据处理后，提取监测体在变形过程中的变形量、变形幅度、变形速度、变形加速度等信息，然后结合监测体结构的特点，研究荷载和变形之间的关系，从而建立变形分析模型，确定变形规律，实现对监测体的安全性、稳定性的科学判断，并对变形的发展做出预测。

变形分析工作主要集中在监测网的性态分析、变形特征分析、变形预测等方面。监测网的性态分析主要包括进行基准点的稳定性分析，监测点的状态变化分析，监测网的精度、灵敏度、可靠性的分析和监测网优化。变形特征分析主要包括进行监测数据误差处理和精度评定、数据质量检测和评估、变形矢量的确定等，最终实现用适合的数学模型来表达变形特征。变形预测主要包括进行变形模型的算法研究、变形趋势预测以及安全性评估等。

国外对变形分析的研究起步很早。Fanelli 和 Rocha(1955)应用回归分析法统计了大坝的测量数据，研究了大坝变形和环境因素的数学分析模型，对大坝水平位移进行拟合预报。Fanelli(1977)提出监测数据和有限元分析计算值相联系的数学模型。S. Sakurai(1979)提出用监测数据反算岩土介质物理力学参数，并开发了地下隧道的监测数据反馈分析系统，可以评估隧道开挖的安全稳定状态。随着系统科学、计算数学、测量学、信息学等技术的发展，时序分析模型、灰色系统模型、神经网络模型、频谱分析模型、智能进化算法模型等逐渐应用于变形分析中，美国、意大利、法国和奥地利等国家在变形分析的研究和变形分析系统的研究与应用处于国际领先水平。

我国对变形分析的研究最早起源于对大坝安全监测的资料分析工作。最初以定性分析为主，通过对实测过程曲线和统计特征值进行简单分析，以评估大坝的运行状况。陈久宇(1980，1986)提出用非线性参数估计法分析混凝土坝原体的时效变形，并建立最优回归方程对刘家峡主坝廊道水平位移观测资料进行分析和解释。近年来，系统论、控制论、信息论等系统科学的理论逐渐引入到变形分析的研究中，研究人员和工程技术人员提出了许多变形监测数据分析和预报模型，几种应用较多的变形分析模型有：曲线拟合分析法、多元线性回归法、灰色系统分析法、时间序列分析法、支持向量机法等。

总而言之，伴随着测绘理论、测绘方法和测绘仪器的发展，变形监测技术已逐渐发展成为以精密定位技术、空间信息技术、电子技术和动态测控技术为主要特征的多种测量技术的综合集成。变形监测技术的发展非常迅速，日渐成熟，现代变形监测技术正逐步从光学机械化、数字自动化和微变信息化发展成为动态高精度、全景多层次、智能多技术的全方位立体监测体系，应用领域极其广泛。

☞ **思考题**

1. 变形监测技术在城市建设工程中的作用和意义是什么？
2. 变形、变形监测的概念分别是什么？
3. 变形监测的主要内容有哪些？
4. 什么是基准点、工作基点和监测点？
5. 当前，城市建设工程变形监测的技术手段有哪些？
6. 简述变形分析的工作内容和主要作用。

第2章 技术与方法

2.1 概述

变形监测是借助测量仪器设备，利用测量技术方法，对监测对象的空间位置、形态及性态进行观测、计算、分析和变形预报，以保证城市建设工程的施工与运营安全。

变形监测技术与方法大致分为以下四类：

（1）常规大地测量技术。常规大地测量技术是指通过测角、量边、水准测量等技术，来测定建（构）筑物的位置和形态变形。常规大地测量技术测量精度高、应用灵活，适用于不同变形体和不同的工作环境，但不容易进行连续动态测量。

（2）传感器测量技术。传感器测量技术是基于几何或物理方法，利用传感器对监测体的形态或性态进行监测。常见的技术方法有：液体静力水准测量、准直测量、光纤光栅和加速度计传感器测量等。传感器测量技术不仅可以监测位移、沉降、倾斜、裂缝、挠曲等，还可以进行应力应变监测。这些方法可实现连续自动监测和遥测，且相对精度高，但测程不大，便于提供局部变形信息，适用于特殊环境。

（3）空间测量技术。用于变形监测的空间测量技术有全球导航卫星系统（GNSS）测量技术和合成孔径干涉雷达（InSAR）测量技术。空间测量技术可以实现大范围的监测工作，适用于动态监测、滑坡监测、城市沉降监测、大范围地壳形变监测等。

（4）影像测量技术。这类技术用于变形监测的显著特点是不需接触被监测物体，常见的技术方法有近景摄影测量技术和三维激光扫描技术。近景摄影测量的信息量大、外业工作量小、观测时间短、可获取快速变形过程，便于测定工程建筑物整体变形。激光扫描技术是利用扫描仪获取监测体的"点云"数据，"点云"数据包含空间信息、颜色信息和反射率信息，该方法获取的数据量大、信息量大。

建（构）筑物的变形监测重点是沉降监测和水平位移监测。通过水平位移和沉降监测，也可以间接得到建（构）筑物的倾斜和挠曲等变形。变形监测技术和方法的选取，应以技术上可实现、精度满足工程要求为原则。随着测绘新技术的相继出现、监测新设备的不断问世、监测对象和要求的多样化，要求监测技术人员不断学习新技术，不断创新技术应用。当采用新技术新方法时，应进行精度分析和实验验证。

2.2 沉降监测技术

沉降监测是测定物体在垂直方向上的位移，即是通过重复测定埋设在变形体上的监测点（观测点）相对于基准点的高差变化量，经过数据处理和变形分析，得到沉降量及变化趋势的。沉降监测常采用的方法有：精密水准测量、精密三角高程测量、液体静力水准测量、GNSS 测量等。

在拟定建(构)筑物沉降监测方案时，通常由设计单位提出技术要求，设计、施工和监测三方技术人员协作，根据监测目的和内容、施工方法、工程结构和施工现场情况等，制定监测方法，拟定沉降监测方案。监测点的埋设，在施工过程中由监测与施工技术人员合作完成。监测点应有足够的数量，以便测出整个监测体的沉降、倾斜与挠曲变形。监测点标志和埋设形式应根据建(构)筑物的形状大小、使用性质、结构特征以及建(构)筑物场地的地质条件等情况优化设计。监测点应牢固地与建(构)筑物结合在一起，以便于观测，且尽量保证在整个沉降监测期间不受损害。

2.2.1 精密水准测量

精密水准测量方法是建(构)筑物沉降监测的有效手段。精密水准测量一般指国家一、二等水准测量，在沉降监测实践中常采用国家二等水准测量。

沉降监测所使用的仪器有精密光学水准仪配铟钢尺或精密电子水准仪配编码尺。利用精密水准测量进行沉降监测时，由于存在建筑结构及施工场地复杂、施工干扰大等情况，会出现前后视距不相等、观测时间拖延等不利因素，因此现场监测时应注意：

(1)测定监测点的水准路线应敷设成两个工作基点之间的附合路线；

(2)监测路线、测站位置、监测人员及监测仪器应尽量固定；

(3)监测前应对工作基点、监测点及监测路线进行检查和清理。

2.2.2 精密三角高程测量

施工现场通常比较复杂，场地制约和施工干扰等影响较大，当采用精密水准测量方法比较困难时，可使用高精度全站仪，采用测距三角高程测量方法进行沉降监测。

2.2.2.1 单向观测及其精度

单向观测法是将仪器安置在一个已知高程点(一般为工作基点)上，观测工作基点到沉降监测点的斜距 S、垂直角 α、仪器高 i 和觇标高 v，计算两点之间的高差。顾及大气折光系数 K 和垂线偏差的影响，单向观测计算高差的公式为

$$h = S \cdot \sin\alpha + \frac{1-K}{2R} \cdot S^2 + i - v + (u_l - u_m) \tag{2-1}$$

式中，u_l 为测站在观测方向上的垂线偏差；u_m 为观测方向上各点的平均垂线偏差。

虽然因垂线偏差对高差的影响随距离的增大而增大，但在平原地区边长较短时，垂线偏差的影响极小，且在各期沉降量的计算中得到抵消，通常可忽略不计。因此式(2-1)可简化为

$$h = S \cdot \sin\alpha + \frac{1-K}{2R} \cdot S^2 + i - v \tag{2-2}$$

高差中误差为

$$m_h^2 = \sin^2\alpha \cdot m_S^2 + S^2 \cdot \cos^2\alpha \cdot \frac{m_\alpha^2}{\rho} + m_i^2 + m_v^2 + \frac{S^4}{4R^2} \cdot m_K^2 \tag{2-3}$$

由式(2-3)可以看出，影响三角高程测量精度的因素有测距误差 m_S、垂直角观测误差 m_α、仪器高量测误差 m_i、目标高量测误差 m_v、大气折光误差 m_K。提高三角高程测量单向

观测法精度的方法有：①采用高精度全站仪测距，可大大减弱测距误差的影响；②垂直角观测误差对高程中误差的影响较大，且与距离成正比的关系，观测时应采用高精度的测角仪器，并采取有关措施来提高观测精度；③监测基准点采用强制对中设备，仪器高的量测误差相对较小；④监测项目不同，监测点的标志有多种，应根据具体情况采用适当的方法减小目标高的量测误差；⑤大气折光误差随地区、气候、季节、地面覆盖物、视线超出地面的高度等不同而发生变化，其影响与距离的平方成正比，其取值误差是影响三角高程精度的主要部分，但对小区域短边三角高程测量影响程度较小。

2.2.2.2 自由设站三角高程测量

自由设站三角高程测量是将仪器安置于已知高程测点 1 和待定点 2 之间，通过测定设站点到 1、2 两点的距离 S_1 和 S_2，垂直角 α_1 和 α_2，目标 1、2 的高度 v_1 和 v_2，计算 1、2 两点之间的高差，如图 2-1 所示。

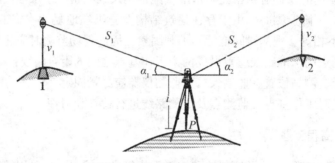

图 2-1 自由设站三角高程测量

当距离较短时，若不考虑垂线偏差的影响，其计算公式为

$$h_{12} = (S_2 \cdot \sin\alpha_2 - S_1 \cdot \sin\alpha_1) + \frac{S_2^2 - S_1^2}{2R} - \left(\frac{S_2^2}{2R} \cdot K_2 - \frac{S_1^2}{2R} \cdot K_1\right) - (v_2 - v_1) \quad (2\text{-}4)$$

若设 $S_1 \approx S_2 = S$，$\Delta K = K_1 - K_2$，且 $m_{\alpha_1} = m_{\alpha_2} = m_\alpha$，$m_{S_1} \approx m_{S_2} = m_S$，$m_{v_1} \approx m_{v_2} = m_v$，则有

$$h_{12} = S \cdot (\sin\alpha_2 - \sin\alpha_1) + \frac{S^2}{2R} \cdot \Delta K + v_1 - v_2 \quad (2\text{-}5)$$

由误差传播定律可得

$$m_h^2 = (\sin\alpha_2 - \sin\alpha_1)^2 \cdot m_S^2 + S^2(\cos^2\alpha_2 + \cos^2\alpha_1) \cdot \frac{m_\alpha^2}{\rho^2} + \frac{S^4}{4R^2} \cdot m_{\Delta K}^2 + 2m_v^2 \quad (2\text{-}6)$$

由式(2-6)可以看出，大气折光对高差的影响不是 K 值取值误差的本身，而是体现在 K 值的差值 ΔK 上，虽然 ΔK 对三角高程精度的影响仍与距离的平方成正比，但由于视线大大缩短，在小区域选择良好的观测条件和观测时段可以极大地减小 ΔK，ΔK 对高差的影响甚至可忽略不计。这种方法对测站点的位置选择有较高的要求。

2.2.2.3 对向观测及其精度

若采用对向观测，根据式(2-2)，设 $S_1 \approx S_2 = S$，$\Delta K = K_1 - K_2$，计算高差的公式为

$$h_{12} = \frac{1}{2}S \cdot (\sin\alpha_2 - \sin\alpha_1) + \frac{\Delta K}{4R} \cdot S^2 + \frac{1}{2}(i_1 - i_2) + \frac{1}{2}(v_1 - v_2) \tag{2-7}$$

若设 $m_{i_1} \approx m_{i_2} = m_i$，对向观测高差中误差可写为

$$m_h^2 = \frac{1}{4}(\sin\alpha_2 - \sin\alpha_1)^2 \cdot m_S^2 + \frac{S^2}{4}(\cos^2\alpha_2 + \cos^2\alpha_1) \cdot \frac{m_\alpha^2}{\rho^2} + \frac{S^4}{16R^2} \cdot m_{\Delta K}^2 + \frac{1}{2}(m_i^2 + m_v^2)$$

$$\tag{2-8}$$

采用对向观测时，K_1 与 K_2 严格意义上虽不完全相同，但对高差的影响也不是 K 值取值误差的本身，而是体现在 K 值的差值 ΔK 上。在较短的时间内进行对向观测可以更好地减小 ΔK 值，视线较短时，ΔK 值对高差的影响甚至可忽略不计。这种方法对监测点标志的选择有较高的要求，作业难度也较大，一般的监测工程较少采用。

2.2.3 液体静力水准测量

2.2.3.1 基本原理

液体静力水准测量也称为连通管测量，是利用相互连通且静力平衡时的液面进行高程传递的测量方法。如图2-2所示，为了测量 A、B 两点的高差 h，将容器1和2用连通管连接，其静力水准测头分别安置在 A、B 上。由于两测头内的液体是相互连通的，当静力平衡时，两液面将处于同一高程面上，因此 A、B 两点的高差为

$$h = H_1 - H_2 = (a_1 - a_2) - (b_1 - b_2) \tag{2-9}$$

式中，a_1、a_2 为容器的顶面或读数零点相对于工作底面的高度；b_1、b_2 为容器中液面位置的读数或读数零点到液面的距离。

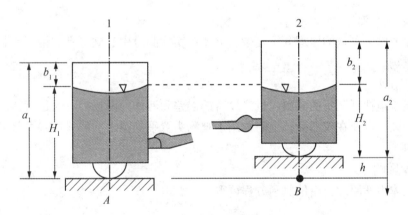

图 2-2 静力水准测量原理

由于制造的容器不完全一致，探测液面高度的零点位置(起始读数位置)不可能完全相同，为求出两容器的零位差，可将两容器互换位置，求得 A、B 两点的新的高差为

$$h = H_1 - H_2 = (a_1 - a_2) - (b'_2 - b'_1) \tag{2-10}$$

式中，b'_1、b'_2 为对应容器中液面位置的新读数。联合解算式(2-9)和式(2-10)得

$$h = \frac{1}{2}[(b_2 - b_1) - (b'_2 - b'_1)] \tag{2-11}$$

$$C = a_2 - a_1 = \frac{1}{2} \left[(b_2 - b_1) + (b'_2 - b'_1) \right] \tag{2-12}$$

式中，C 为两容器的零位差。

对于确定的两容器，零位差是个常量。若采用自动液面高度探测的传感器，两容器的零位差就是两传感器对应的零位到容器顶面距离不等而产生的差值。对新仪器或使用中的仪器进行检验时，必须测定零位差。当传感器重新更换或调整时，也必须测定零位差。

液体静力水准仪种类较多，但总体上由三个部分组成，即液体容器及其外壳、液面高度量测设备和沟通容器的连通管。根据不同的仪器及其结构，液面高度测定方法有目视法、接触法、传感器测量法和光电机械法等。前两种方法精度较低，后两种方法精度较高，且利于自动化测量，在实际工程应用中通常采用多测点液体静力水准测量系统。图 2-3 为传感器静力水准系统，图 2-4 为多测点静力水准监测系统示意图。

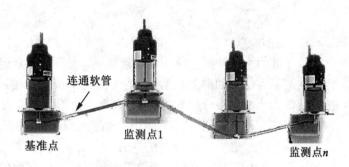

图 2-3　传感器静力水准系统　　　　图 2-4　多测点静力水准监测系统

2.2.3.2　误差来源

液体静力水准测量的原理并不复杂，但要在实际测量中达到很高的精度，必须考虑诸多因素的影响。

1. 仪器误差

仪器误差包括观测头的倾斜、量测设备的误差和液体的漏损等。通过仪器制造时的严密检校、调试，以及在仪器壳体上附加用于观测头置平的圆水准器，这些误差可限制在极小的范围内。

2. 温度影响

根据流体力学原理，由伯努利方程可得

$$\frac{1}{2}v^2 + p + \rho \cdot g \cdot h = 常数 \tag{2-13}$$

式中，v 为液体流动速度；p 为大气压力；ρ 为液体密度；g 为重力加速度。

当装置中液体静止时，$v = 0$，对式(2-13)微分得

$$\mathrm{d}\rho \cdot g \cdot h + \rho \cdot g \cdot \mathrm{d}h + \mathrm{d}p = 0 \tag{2-14}$$

若不计大气压误差的影响，则上式为

$$\mathrm{d}h = -\frac{\mathrm{d}p}{\rho} h \tag{2-15}$$

而液体的密度是温度的函数，通常可表达为

$$\rho(t) = a_0 + a_1 t + a_2 t^2 + \cdots + a_k t^k \tag{2-16}$$

由于二次项及其以上的系数较小，且水柱的高度不大，故可近似认为水的密度与温度成线性关系，则式(2-15)为

$$dh = -\left(\frac{dp}{\rho} \cdot h \cdot dt\right) \cdot \frac{1}{\rho} \tag{2-17}$$

当水温分别为10℃和20℃时，若水温变化1℃，对不同高度的水柱 h，产生的高度变化量如表2-1所列。

表 2-1   **水温变化1℃的水柱高度变化量**

水柱高度 h(mm) 水温(℃)	500	400	300	200	100	50	30
10	0.070	0.056	0.042	0.028	0.014	0.007	0.004
20	0.035	0.028	0.021	0.014	0.007	0.004	0.002

由表2-1可知，温度不均匀对误差的影响较大，且与液柱高度成正比。因此为减小温度对测量系统的影响，应尽量降低液柱的总高度，最好不要大于50mm。此外，连接各容器的管道应水平设置，并力求使各测点处的温度基本一致。

2.2.3.3 观测技术要求

有关变形监测规范对各等级静力水准测量有一定的要求，《工程测量规范》(GB50026—2007)对静力水准观测的主要技术如表2-2所列。

表 2-2   **静力水准观测的主要技术要求**

等级	仪器类型	读数方式	两次观测高差较差(mm)	环线及符合路线闭合差(mm)
一等	封闭式	接触式	0.15	$0.15\sqrt{n}$
二等	封闭式、敞口式	接触式	0.30	$0.30\sqrt{n}$
三等	敞口式	接触式	0.60	$0.60\sqrt{n}$
四等	敞口式	目视式	1.40	$1.40\sqrt{n}$

注：n 为高差个数。

测量作业过程中应符合下列要求：

(1)观测前，向连通管充水时，不得将空气带入，可采用自然压力排气充水法或人工排气充水法进行充水。

(2)连通管应平放在地面上，当通过障碍物时，应防止连通管在垂直方向出现"Ω"形而形成滞气"死角"。连通管任何一段的高度都应低于蓄水罐底部，但最低不宜低于20cm。

（3）观测时间应选在气温最稳定的时段，观测读数应在液体完全呈静态下进行。

（4）测站上安置仪器的接触面应清洁、无灰尘杂物。仪器对中误差不应大于2mm，倾斜度不应大于10°。使用固定式仪器时，应有校验安装面的装置，校验误差不应大于±0.5mm。

（5）宜采用两台仪器对向观测，条件不具备时，可采用一台仪器往返观测。每次观测，可取2~3个读数的中数作为一次观测值。读数较差限值视读数设备精度而定，一般为0.02~0.04mm。

2.2.4 重力场变化监测技术

地球重力场是反映地球介质密度变化和在各种环境（固体地球潮汐、内部热流、固体和液体之间质量的交换、表面负荷和地震构造运动等）下动力学特征的最基本和最直接的物理量。地球重力场及其变化反映了地球表层及内部的物质密度分布和运动状态，而根据重力场的时空变化，又可推演和监测地球系统物质运移和交换过程，并且重力场的时空分辨率越高，其中包含的地球物质系统时变信息量就越多。因此，高分辨率的地球重力场时变信息对于研究地球动力学过程和实际应用都具有非常重要的意义。

2.2.4.1 重力测量的分类及观测原理

按照重力观测所处的空间位置的不同，重力测量可以分为地面重力测量、地下（包括坑道及井中）重力测量、海洋重力测量、航空重力测量、卫星重力测量等。根据所测量物理量的不同，重力测量又可以分为动力法和静力法两大类，动力法观测的是物体的运动状态（时间与路径），用以测定重力的全值，即绝对重力值；静力法则是观测物体在重力作用下静力平衡位置的变化。测量两点间的重力差，称为相对重力测量。

1. 绝对重力测量

绝对重力测量不仅可获得地面观测点上的绝对重力值，而且可用它作为基准，并进行重复观测，以监测重力场的变化，从而进一步获得与地球内部物质迁移、地壳运动等有关的变化特征，为大地测量、地球物理、地球内部动力学机制、环境与灾害监测提供重要依据。

绝对重力测量是利用自由落体的运动规律，在固定或移动点上测量时有单程下落和上抛下落两种行程，自由落体为一光学棱镜，利用稳定的氦氖激光束的波长作为迈克尔逊（Michelson）干涉仪的光学尺，直接测量空间距离，时间标准是采用高稳定的石英振荡器与天文台原子频率指标对比。观测时，仍然还有许多干扰因素影响重力值的精度测定，如大地脉动、真空度、落体下落偏摆等，因此必须加以分析、控制和校正。

目前，Microg Lacoste公司生产的FG-5绝对重力仪代表着国际上绝对重力仪的最高技术水平，为$1.0 \times 10^{-8} ms^{-2}$量级，如图2-5（a）所示。FG-5自由落体式绝对重力仪采用了无阻力下落装置，通过记录干涉条纹数可得到自由落体距离，在记录干涉条纹同时，又经过标准授时台校正过的高稳定石英振荡器测定下落时间，并对重力观测数据实时作光束传播时间改正、地球潮汐改正、气压改正、仪器有效高度改正、极移改正、海潮改正等，从而得到高精度的绝对重力值。另外，同为Microg Lacoste公司的A10绝对重力仪是唯一可用于流动测量的绝对重力仪，如图2-5（b）所示。

2. 相对重力测量

相对重力测量只能测出某两点之间的重力差，由于重力差比重力全值小几个数量级以

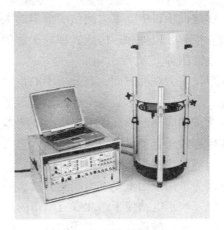

(a) FG-5绝对重力仪　　　　　　　(b) A10绝对重力仪

图 2-5　绝对重力仪

上，其相对精度相比绝对重力仪低，但相对重力仪仪器轻便、容易实现小型化。一个恒定的质量 m 在重力场内的重量随 g 的变化而变化，如果用另一种力(弹力、电磁力等)来平衡这种重量或重力矩的变化，则通过对物体平衡状态的观测，就有可能测量出两点间的重力差值，按物体受重力变化而产生位移方式的不同，重力仪可分为平移(或线位移)式或旋转(或角位移)式两大类。

　　目前通常使用的弹簧类重力仪中，按其制作材料不同可分为两大类，即石英弹簧重力仪与金属弹簧重力仪，均依据重力矩与弹力矩平衡原理设计。还有一种是超导重力仪，由电磁力与重力平衡，精度很高，且几乎没有零源，但体积与数量均较大，只适合于固定台站上供各种需研究重力随时间变化原因的科学研究中使用。如图 2-6 所示。

(a) ZLS相对重力仪　　　　(b) CG-5相对重力仪　　　　(c) GWR超导重力仪

图 2-6　相对重力仪

2.2.4.2　地球重力场变化探测

　　通常地球重力场的变化的探测可通过两种途径实施：地面重复重力观测和卫星重力观测。在变形监测领域，重力场变化的探测可作为变形监测的辅助手段提供有效的背景信息。

　　不同的变形监测任务可布置适当比例尺的重力测量工作，以完成相应的监测任务。在大型工程建设项目中，重力测量所承担的主要任务是：研究浮土下基岩面的起伏和有无隐伏断裂、空洞，以确保厂房或大坝等工程的安全；危岩、滑坡体的监测；地面沉降监测；地下水位监测等。

在卫星重力观测方面，高分辨率的重力场时空动态变化信息对于监测与其相关的陆地水储量、水循环、海水质量变迁、地震形变、冰体质量平衡、冰后回弹等地球物理过程具有重要意义和应用前景。因卫星重力观测本身具有的特点，只能提供大范围的宏观信息，因此如何有效融合卫星重力测量、地面重力测量等不同观测技术手段获得的观测资料，是地球重力场变化探测需要解决的关键问题。

下面为采用地面重复重力观测方法，对长江三峡库区重力场动态变化研究的案例。

长江三峡水电站位于湖北省宜昌市的三斗坪镇，是世界上规模最大的水电站，也是中国有史以来建设的最大型的工程项目。三峡水电站1994年正式动工兴建，2003年开始蓄水发电，于2009年全部完工，其大坝高程185米，蓄水高程175米，水库长600多公里。

为预防地震发生，由中国长江三峡工程总公司、中国地震局地震研究所和长江水利委员会综合勘测局联合建立了"长江三峡工程地壳形变监测网"，此网包括GPS网、水准网和重力网(图2-7)。其中，三峡库区流动重力监测网，旨在研究地球重力场随时间的非潮汐变化与兴建大坝而形成的地震孕育、发生各阶段的关系，掌握中长期地震趋势，减少地震灾害。同时布设在三峡库区的高精度水准网、GPS网和重力网，对该地区的三维运动图像的描述是互补的，可以综合分析三峡库首区及库盆区的地壳构造在水库蓄水前后的形变特征及运动方向(旋转、扭曲)。其中，重力测量不仅可精化GPS点的垂向结果，而且对解释其机制

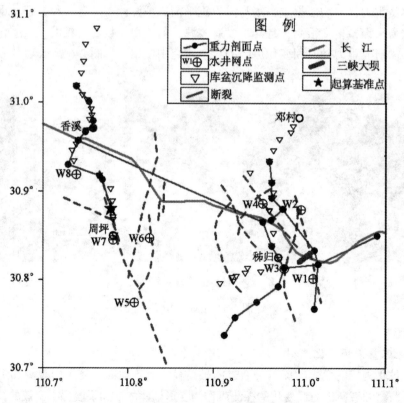

图 2-7 三峡地区各监测网点分布及构造示意图

也有重要作用，对预测预防水库诱发地震、滑坡等方面提供了很好的佐证。

　　孙少安等针对 2003 年 6 月和 2006 年 9 月进行的两次正式蓄水，依托"长江三峡工程地壳形变监测网"，利用相对重力测量方法研究大型水库工程蓄水的重力效应，获取了三峡水库局部重力场两次蓄水期间的变化图像，并研究了其变化规律，为三峡水库诱发地震的综合研究提供参考意见，并证明重力监测是一种快速、有效、经济的监测技术和方法。

　　图 2-8(a)和图 2-8(b)分别表示包括重力监测网的三峡地区各监测网点分布图和三峡水库二次蓄水前后库坝区局部重力场变化。

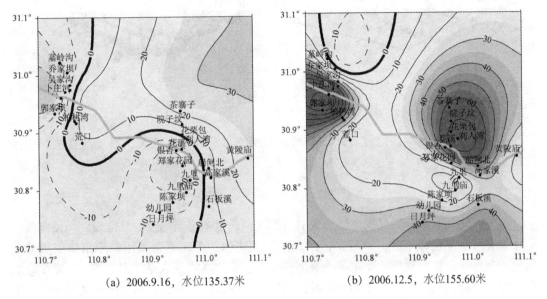

(a) 2006.9.16，水位135.37米　　　　　　(b) 2006.12.5，水位155.60米

图 2-8　三峡水库二次蓄水前后库坝区局部重力场变化

2.3　水平位移监测技术

　　监测体在水平面上发生的移动称为水平位移，水平位移监测是通过测定监测点在某一方向的位移量，进而计算监测体位移的。水平位移监测方法主要有：①通过测角、量边等技术来测定水平位移的几何测量方法；②采用激光准直仪、引张线、光纤光栅、多点位移计等传感器测量法；③GNSS、InSAR、近景摄影测量和激光扫描测量等高新测量技术。

　　随着 GNSS 技术的普及和我国"北斗"系统的完善，全球导航卫星定位技术在变形监测领域得到了广泛应用。带有伺服马达驱动、自动目标识别与照准的高精度智能测量机器人，实现了变形监测的高效率和自动化。

2.3.1　基准线法

　　基准线法是以通过或平行于建筑物轴线的铅垂面为基准面，并和水平面相交形成基准线，通过测定监测点与基准线偏离值的变化量，进而计算建筑物水平位移的一种方法，如

图 2-9(a)所示。水平位移一般来说是很小的，因此对水平位移观测精度要求很高。为此，当采用基准线法进行水平位移观测时，应符合下列要求：(1)应在建(构)筑物的轴线(或平行于轴线)方向埋设基准点；(2)监测点尽可能在基准线上，在困难条件下观测点偏离基准线也不应大于20mm。

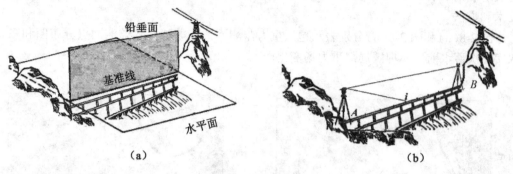

图 2-9 基准线原理

基准线法根据基准线形成方式的不同，常用的方法有视准线法、激光准直法和引张线法。

2.3.1.1 视准线法

视准线法是利用全站仪视准轴形成的基准线，通过测定监测点与基准线之间偏离值的变化量进行水平位移监测，如图 2-9(b)所示。偏离值的观测通常采用测小角法或活动觇牌法。当水平位移监测精度要求不太高时(如基坑围护结构顶水平位移监测)，可在监测点预埋一不锈钢直尺，重复观测基准线在直尺上的读数，进而计算基坑围护结构顶的水平位移。

小角法是利用精密全站仪精确地测出基准线方向与测站点到监测点的视线方向之间所夹的小角，从而计算监测点相对于基准线的偏离值 α_i。

如图 2-10 所示，AB 是基准线，i 是观测点，i' 是 i 点在基准线上的投影，Δi 是偏离值，利用精密测角仪器精确测量小角 α_i，并测量 A 到 i' 的距离 s_i，便可计算出偏离值：

$$\Delta_i = \frac{\alpha_i}{\rho} \cdot s_i \tag{2-18}$$

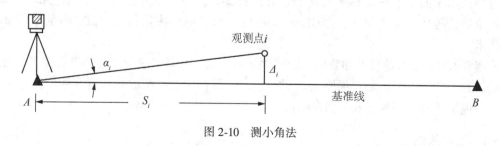

图 2-10 测小角法

对上式线性化，并写成中误差形式有

$$m_{\Delta_i}^2 = \left(\frac{s}{\rho}m_{\alpha_i}\right)^2 + \left(\frac{\alpha}{\rho}m_{s_i}\right)^2 \tag{2-19}$$

式中，第一项为测角误差影响，第二项为测距误差影响。测距误差在重复观测中的影响可忽略不计。因此，小角法测量的误差主要是由测角误差引起的，即

$$m_{\Delta_i} = \frac{m_{\alpha_i}}{\rho}s_i \tag{2-20}$$

目前，高精度全站仪多采用摩擦制动技术，没有制动螺旋，微动螺旋无限位。为了保障小角测量精度，在观测时应使用微动螺旋进行目标照准和角度测量，以减弱仪器带动误差影响。

2.3.1.2 激光准直法

激光准直法是利用氦氖激光器发射的激光束作为基准线进行水平位移监测。图 2-11 所示为真空激光准直系统结构示意图。

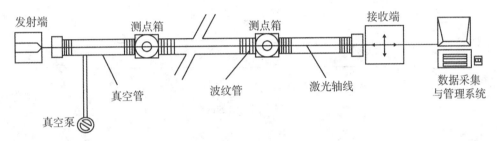

图 2-11　真空激光准直系统结构示意图

理论上，激光器两端的反光镜可以是平面镜，两个平面镜应严格平行，否则会影响光的振荡放大。但是即使制造时对得很准，在使用过程中受振动和热变形的影响，也会使不平行度超过允许的界限。为避免发生这种情况，实际上，激光器两端的反光镜都略具凹弧形。这时激光束将不是严格的平行光束，而是具有一定的发散角的光束，对于长约 250mm、外径约 40mm、毛细管内径约 2mm 的激光管，发散角约为 250″。

在变形监测应用中，为了提高观测精度，需要对发散的激光束进行聚焦。根据激光的相干性原理，制成波带板进行聚焦。通常波带板有圆形和方形两种，如图 2-12 所示，圆形波带板聚焦呈一亮点，方形波带板聚焦呈一个明亮的"十"字线。

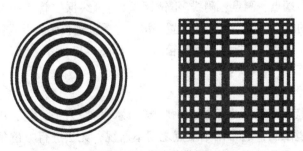

图 2-12　激光波带板

观测时，在基准点 A 安置激光器，在基准点 B 安置探测器，在待测点 i 安置一特定的波带板，如图 2-13 所示。当激光照满波带板时，在 B 点探测器上测得 Δ_i，从而得到

$$\delta_i = \frac{s_{Ai}}{s_{AB}} \cdot \Delta_i \tag{2-21}$$

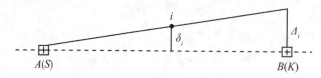

图 2-13　激光波带板准直测量

当 S、K 与 A、B 不重合时，可测得 A、i、B 相对于 SK 的偏离值 δ'_A、δ'_i、δ'_B，参考图 2-14 可求得

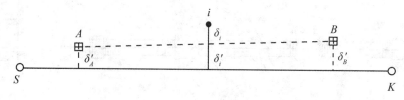

图 2-14　偏离值的改化

$$\delta_i = \delta'_i - \frac{s_{Bi}\delta'_A + s_{Ai}\delta'_B}{s_{AB}} \tag{2-22}$$

2.3.1.3　引张线法

柔性弦线两端加以水平拉力引张后自由悬挂，则它在竖直面内呈悬链线形状，它在水平面上的投影应是一条直线，利用此直线作为基准线可以测定监测点的横向偏离值，这种方法称为引张线法。

引张线法可以用来测定建筑物的横向水平位移，这种方法在水坝变形监测中应用较多。一般将引张线布设在坝体廊道内、坝顶或土坝坡面上。两端点应尽可能布设在两岸地基稳定处。若端点布设在坝体上，则端点处需用倒垂线或其他措施测定端点的位移。

引张线的装置由端点、测点、测线(不锈钢丝)与测线保护管等四部分组成，如图 2-15 所示。引张线系统的端点由墩座、夹线装置、滑轮、重锤连接装置及重锤等部件组成，如图 2-16 所示。测点由浮托装置、标尺、保护箱组成，如图 2-17 所示。

2.3.2　精密导线法

精密导线法是监测曲线形建筑物(如拱坝等)水平位移的有效方法。用于变形监测的精密导线因布设环境限制，通常两个端点之间不通视，无法进行方位角联测，只能布设为无定向精密导线。无定向精密导线端点的位移需要采用倒垂线、后方交会法、GNSS 测量等方法进行控制和校核。按照其观测方法和原理不同，可分为无定向导线法和弦矢导线

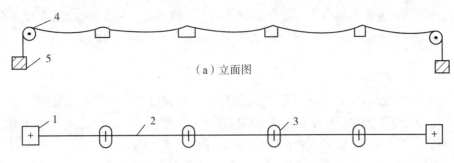

（a）立面图

（b）平面图

1—端点；2—引张线；3—位移测点及浮托装置；4—定滑轮；5—重锤

图 2-15　引张线示意图

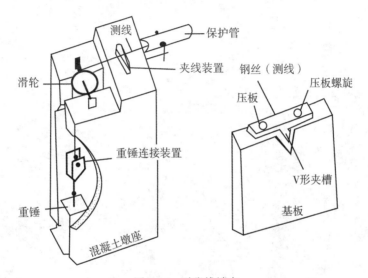

图 2-16　引张线端点

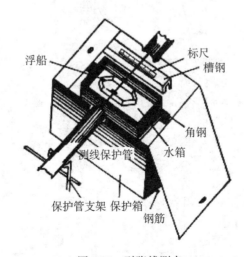

图 2-17　引张线测点

法。无定向导线法是根据导线边长变化和导线的转折角观测值来计算监测点的变形量，弦矢导线法则是根据导线边长变化和矢距变化的观测值来求得监测点的实际变形量。

2.3.2.1　无定向导线测量

无定向导线测量如图 2-18 所示。导线的转折角 β_i 和边长 S_i 可用标称精度不低于($1''$, $1mm+1\times10^{-6}D$)的高精度全站仪观测；也可以采用高精度全站仪测角，用特制铟钢尺或高精度测距仪测边。观测前，应按规范的有关规定检查仪器。在洞室和廊道中观测时，应封闭通风口以保持空气平稳，观测的照明设备应采用冷光照明(或手电筒)，以减少折光误差。观测时，需分别观测导线点标志的左右侧角各一个测回，并独立进行两次观测，取两次读数中值为该方向观测值。

在图 2-18 中，左边折线为初次观测时各导线点的位置，右边折线代表第 k 次观测时各导线点的位置。

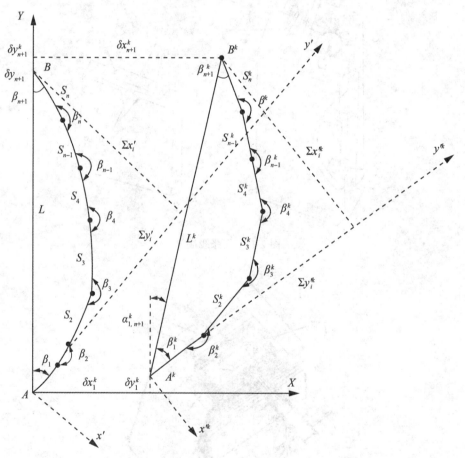

图 2-18　无定向导线测量

1. 基准值计算

基准值的计算步骤如下：

(1)以 A 点为坐标原点，AB 连线 L 为 Y 轴，建立 X-Y 坐标系。同时以 A 点为原点，

以导线的第一边 S_1 为 y' 轴，建立 $x'Ay'$ 辅助坐标系。连线 L 和 S_1 的夹角为 β_1。

（2）导线边长基准值计算：

$$S_i = b_i + \Delta b_i + \Delta b_t \tag{2-23}$$

式中，b_i 为两导线点的微型标志中心之间的长度值；Δb_i 为铟瓦丝上的刻线与轴杆头上刻线的差值；Δb_t 为温度改正数。

（3）在 $x'Ay'$ 辅助坐标系下，计算连接角 β_1 和 L。

$$\beta_1 = \arctan \frac{\sum_{i=1}^{n} S_i \cdot \cos\alpha'_i}{\sum_{i=1}^{n} S_i \cdot \sin\alpha'_i} \tag{2-24}$$

$$L = \sqrt{\left(\sum_{i=1}^{n} S_i \cdot \sin\alpha'_i\right)^2 + \left(\sum_{i=1}^{n} S_i \cdot \cos\alpha'_i\right)^2} \tag{2-25}$$

式中，方向角 $\alpha'_i = 90° + \sum_{i=2}^{i} [\beta_i - (i-1) \cdot 180°]$

（4）在 X-Y 坐标系下，计算导线点初始坐标值 X_i、Y_i。

$$\begin{cases} X_i = \sum_{i=1}^{i} S_i \cdot \sin(\alpha'_i - \beta_1) \\ Y_i = \sum_{i=1}^{i} S_i \cdot \cos(\alpha'_i - \beta_1) \end{cases} \tag{2-26}$$

导线的基准值要求独立测定 3 次以上，取平均值，以保证基准坐标具有较高的精度。

2. 复测值计算

复测值的计算步骤如下：

（1）计算、改正两端点的坐标。设导线两端点 A、B 的首次和第 k 次径向及切向的观测值分别为 $(Q_{ti}、Q_{\eta i})$ 和 $(Q^k_{ti}、Q^k_{\eta i})$，两端点的坐标改正值为

$$\begin{cases} X^k_i = X_i + (Q^k_{ti} - Q_{ti}) \cdot \sin\mu + (Q^k_{\eta i} - Q_{\eta i}) \cdot \cos\mu \\ Y^k_i = Y_i + (Q^k_{ti} - Q_{ti}) \cdot \cos\mu - (Q^k_{\eta i} - Q_{\eta i}) \cdot \sin\mu \end{cases} \tag{2-27}$$

式中，μ 为 t 方向的方位角；$i=1$；$n+1$。

（2）导线边长复测值计算。

$$S^k_i = b_i + (\Delta b^k_t - \Delta b_t) + (\Delta b^k_i - \Delta b_i) \tag{2-28}$$

式中，$\Delta b^k_t - \Delta b_t$ 为边长的温度改正数。

（3）用两端点新坐标反算边长 L^k 和方位角 $\alpha^k_{1,\,n+1}$。

$$L^k = \sqrt{(x^k_{n+1} - x^k_1)^2 + (y^k_{n+1} - y^k_1)^2} \tag{2-29}$$

$$\alpha^k_{1,\,n+1} = \arcsin \frac{\delta y^k_{1,\,n+1} - \delta y^k_1}{L^k} = \arccos \frac{\delta x^k_{1,\,n+1} - \delta x^k_1}{L^k} \tag{2-30}$$

（4）以复测基点 A^k 为原点，以导线的第一边 S^k_1 为 y'^k 轴，建立 $x'^k A^k y'^k$ 复测坐标系，计算各边的坐标增量，然后进行边角网的平差计算。

（5）复测连接角值 β^k_1 的计算。

$$\beta_1^k = \arctan \frac{\sum_1^n X_i^k}{\sum_1^n Y_i^k} = \arctan \frac{\sum_1^n S_i^k \cdot \cos\alpha_i'}{\sum_1^n S_i^k \cdot \sin\alpha_i'} \qquad (2\text{-}31)$$

(6)在 X-Y 坐标系里根据改正后的 S_i^k、β_i^k 计算导线点坐标 X_i^k、Y_i^k。

(7)计算各点径向、切向两个位移值，得出各点的实际变形量。

$$\alpha_i^k = \arcsin \frac{\delta y_i^k - \delta y_1^k}{L^k} \qquad (2\text{-}32)$$

$$v_i = \arcsin \frac{S_i}{2R} + [\alpha_i^k - \alpha_{1,\,n+1}^k] \qquad (2\text{-}33)$$

$$\begin{cases} \delta x_i^k = X_i^k - X_i \\ \delta y_i^k = Y_i^k - Y_i \end{cases} \qquad (2\text{-}34)$$

式中，R 为曲率半径。

径向位移： $\qquad\qquad\qquad \delta\eta_i^k = \delta y_i^k \cos v_i - \delta x_i^k \sin v_i$

切向位移： $\qquad\qquad\qquad \delta\xi_i^k = \delta y_i^k \sin v_i + \delta x_i^k \cos v_i$

精密边角导线法的精度和效率主要受测角精度影响，在需要采用精密边角导线法时，为提高导线转折角观测精度，应采用冷光或手电照明，以保持气流平稳，并减弱温度梯度，以减小折光差。

2.3.2.2 弦矢导线法

弦矢导线法适用于曲线隧道或廊道内进行水平位移监测。该方法具有复测简单、劳动强度小、受旁折光影响小等优点，不足之处是需要设计和制作复杂的导线点构件。弦矢导线法是根据重复进行 k 次导线边长变化值 b_i^k 和矢距变化值 V_i^k 的观测来求得变形体的实际变形量 δ。弦矢导线法矢距测量系统是以弦线在矢距尺上的投影为基准，用测微仪测量出零点差和变化值。首次测矢距时，需测定两组数值，即读取弦线在矢距钢瓦尺上的垂直投影读数 $V_i(i=1,2,\cdots,n)$，以及微型标志中点（即导线点）与矢距尺零点之差值 δ_{e0}。复测矢距时，仅需读取弦线在矢距钢瓦尺上的垂直投影读数 V_i^k。

弦矢导线的弦长不宜大于 400m，边数不宜大于 25 条。若矢距量测精度不能保证转折角的中误差小于 $1''$，则导线长应适当缩短，边数应适当减少。若矢距量测精度较高，则线长也可适当放长。因为此法的关键是提高三角形（矢高）的观测精度，一般需采用钢钢杆尺、读数显微镜和调平装置等设备。

弦矢导线法的布设原理见图 2-19，观测计算原理见图 2-20。

1. 基准值的计算

(1)计算矢距基准值 e_i。

$$e_i = V_i + \Delta e_t + \delta e_0 + \Delta e_0 \qquad (2\text{-}35)$$

式中，Δe_0 为尺长改正数；Δe_t 为温度改正数。

(2)计算导线边长基准值。

$$S_i = b_i + \Delta b_i + \Delta b_t \qquad (2\text{-}36)$$

式中，Δb_t 为温度改正数。

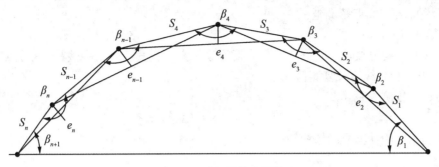

图 2-19　弦矢导线法测量

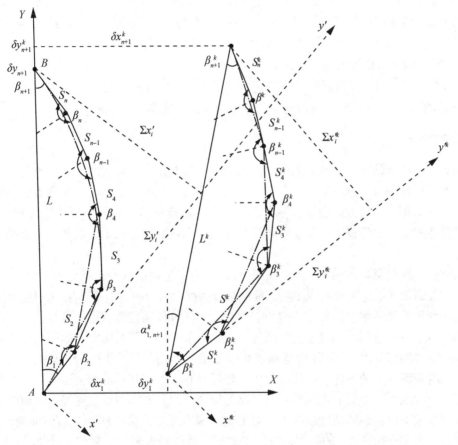

S_n、S_i^k —投影边长；β_n、β_i^k —转折角；β_1、β_{n+1}、β_1^k、β_{n+1}^k —连接角；

X/Y —原坐标系；X'/Y' —基准值设定坐标系；X'^k/Y'^k —第 k 次观测设定坐标系；

—·—·— 弦线；　 ----- 矢线；　 —— 折线

图 2-20　弦矢导线法观测与计算

（3）计算导线转折角基准值 $\beta_i(i=2,\ 3,\ \cdots,\ n)$。

$$\beta_i = \arccos \frac{e_i}{S_{i-1}} + \arccos \frac{e_i}{S_i} \qquad (2\text{-}37)$$

在求得导线转折角 β_i 后，即可按照边角导线基准值的计算公式(2-25)、式(2-26)得到 X-Y 坐标系的各导线点基准坐标 X_i、Y_i。

2. 复测值的计算

(1)按照边角导线法，建立 $X'^k A^k Y'^k$ 复测坐标系，按式(2-27)、式(2-28)计算改正后两端点的坐标和导线边长复测值 S_i^k。

(2)计算复测矢距。

$$e_i^k = e_i + (V_i^k - V_i) + (\Delta e_t^k - \Delta e_t) \tag{2-38}$$

(3)利用矢距计算复测导线转折角。

$$\beta_i^k = \arccos \frac{e_i^k}{S_{i-1}^k} + \arccos \frac{e_i^k}{S_i^k} \tag{2-39}$$

(4)按式(2-29)用两端点新坐标反算边长 L^k，按式(2-30)计算方位角 $\alpha_{1,\,n+1}^k$。

(5)以复测基点 A^k 为原点，以导线的第一边 S_1^k 为 Y'^k 轴，建立 $X'^k A^k Y'^k$ 复测坐标系，计算各边设定坐标增量，然后依据角度闭合法进行平差计算。

(6)按式(2-31)计算复测转折角 β_1^k。

(7)在 X-Y 坐标系里根据改正后的 S_i^k、β_i^k 计算导线点坐标 X_i^k、Y_i^k。

(8)计算各点径向、切向位移值，得出各点实际变形量($\delta\eta_i^k$、$\delta\xi_i^k$)。

2.3.3 交会法

前方交会的测站点可预制观测墩，以消减对中误差影响，观测时，应尽可能选择较远的稳固的目标作为定向点，测站点与定向点之间的距离一般要求不小于交会边的长度。监测点应埋设适用于不同方向照准的标志。对于高层建筑物的观测，为保持建筑物的美观，可在其建造时采用预埋设备，作业时将标心安上，作业完后可取下。观测点标志图案可采用同心圆式样。

前方交会法包括角度前方交会、距离前方交会、边角前方交会等。交会角一般采用 0.5″或 1″级测角仪器全圆方向观测法。标称精度为(0.5″，1mm+1×10⁻⁶D)高精度全站仪广泛应用于变形监测领域，如果选用边角前方交会法，可提高监测成果的可靠性。

由于水平位移监测是通过重复观测进行监测点水平位移值的测定，因而交会法对测站点之间的距离测定要求并不高(但测站点必须是稳定不动的)。另外，由于变形监测中具有一系列对观测有利的条件，如仪器对中、目标偏心误差可基本消除，还可采用有利于照准的觇牌，观测中可由同一观测员用同一仪器按同一观测方案进行观测等，因而前方交会时方向中误差可以达到的精度将高于一般工程与国家控制测量中所达到的方向观测精度。一般来说，当交会边长在 100m 左右时，用 1″级测角仪器观测 6 个测回，其位移值测定中误差将不超过±1mm。

前方交会法可用于拱坝、曲线桥梁、高层建筑物等的水平位移监测。

2.3.4 倾斜监测

建(构)筑物主体的倾斜监测，一般采取测定顶部监测点对其相应底部监测点的偏移值，然后计算建(构)筑物主体的倾斜值，通常采用全站仪等测量仪器测定。对整体刚度较好的建(构)筑物，可通过测定其基础不均匀沉降来计算建(构)筑物主体结构的倾斜值，通常采用精密水准测量或液体静力水准测量方法测定。

随着免棱镜全站仪、地面三维激光扫描仪、测量机器人的广泛应用，可进行复杂建（构）筑物的倾斜监测，效果较好。

对塔形、圆形建筑或构件，每测站的观测应以定向点作为零方向，测出各观测点的方向值和至底部中心的距离，计算顶部中心相对底部中心的水平位移分量。如图 2-21 所示，欲测烟囱的倾斜量 OO'，在烟囱附近选两测站 A 和 B，要求 AO 与 BO 大致垂直，且距烟囱的距离为烟囱高度 H 的 1.5 倍~2 倍。将全站仪安置在 A 站，用方向观测法观测与烟囱底部断面相切的两方向 A–1、A–2 和与顶部断面相切的两方向 A–3、A–4，得方向观测值分别为 a_1，a_2，a_3，a_4，则 $\angle 3A4$ 的角平分线的夹角为

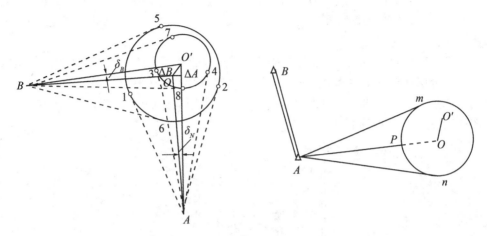

图 2-21　烟囱倾斜监测示意图

$$\delta_A = \frac{(a_1 + a_2) - (a_3 + a_4)}{2} \tag{2-40}$$

δ_A 即为 AO 与 AO' 两方向的水平角，则 O' 点对 O 点倾斜位移分量为

$$\begin{cases} \Delta_A = \dfrac{\delta_A(D_A + R)}{\rho} \\[3mm] \Delta_B = \dfrac{\delta_B(D_B + R)}{\rho} \end{cases} \tag{2-41}$$

式中，D_A、D_B 分别为 AO、BO 方向 A、B 至烟囱外墙的水平距离；R 为底座半径，由其周长计算得到；$\rho = 206265''$。

烟囱的倾斜量为

$$\Delta = \sqrt{\Delta_A^2 + \Delta_B^2} \tag{2-42}$$

烟囱的倾斜度为

$$i = \frac{\Delta}{H} \tag{2-43}$$

O' 的倾斜方向由 δ_A 和 δ_B 的正负号确定。当 δ_A 或 δ_B 为正时，O' 偏向 AO 或 BO 的左侧，当 δ_A 或 δ_B 为负时，O' 偏向 AO 或 BO 的右侧。

2.4 传感器监测技术

　　建筑物变形监测内容包括外部变形监测和内部变形监测两大部分。建筑物内部监测项目主要包括位移监测、应力应变监测、温度监测、渗流监测、挠度监测等，而外部变形监测主要包括水平位移监测和沉降监测。传统的监测工作分工比较明确，外部变形监测由测量技术人员承担，内部监测工作由土木工程技术人员承担。随着监测技术的进步和自动化监测传感器的广泛应用，外部监测和内部监测的数据采集与观测工作，通常由测量人员兼顾。在技术设计和观测资料分析时，由于专业性比较强，一般要求测绘专业人员与土木专业人员密切合作，内外监测方案统筹布设，观测资料综合分析。常见的内部变形监测方法和要求如下：

　　(1)单标点水准仪观测：它是土体内部沉降监测的常用方法，可分为分层标、回弹标和影响标。分层标是用于地基分层观测的标点，回弹标是用于基坑回弹观测的标点，影响标是用于地基土变形相邻影响观测的标点。回弹标和影响标可采用磁锤式和测杆式两种形式。图2-22为磁锤式回弹标观测示意图。

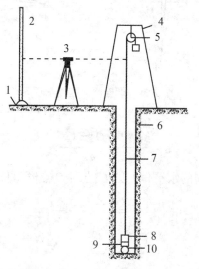

1—水准基点；2—水准尺；3—水准仪；4—三脚架；
5—滑轮；6—套管；7—钢尺；8—重锤；9—磁铁；10—标顶
图2-22　磁锤式回弹标观测示意图

　　(2)多点竖管磁环沉降计：该仪器不仅可减少钻探埋设工作量，克服单标点水准仪观测不能正确反映各土层的真实沉降及测点多的弊端，并且测试结果可靠，操作简单，管理方便，适合进行长期观测。

　　(3)钻孔倾斜仪：这是测量岩土体内部的水平位移的重要仪器，应用十分方便，不仅常用于滑面不明、滑带较厚的斜坡监测和填土下软土中变形监测，同时也可设置在桩基础的坝体中或挡土墙后进行水平位移测量。按测量方式，钻孔倾斜仪可分为活动式和固定式两类。活动式钻孔倾斜仪应用比较广，因为它可消除零点漂移误差，只使用一个测头就可在整个钻孔中进行测量，测点数量可任选，测量费用也比较便宜。活动式测斜仪不能连续读数和遥测，而固定式倾斜仪可以，所以大型工程危险边坡宜使用固定式钻孔倾斜仪进行监测。

(4) 钻孔挠度计：这是一种永久性埋入钻孔内，测量垂直于孔轴方向岩土移动的仪器。这种仪器主要用于潜在滑面较明确的斜坡岩体监测。

(5) 滑面指示器：这是一种探测滑动面的仪器，可采用剪切条指示器探测滑动面位置。而最简单的方法是钻孔深度达到预计滑带以下稳定岩土中，埋设带端盖的直径约75mm 的塑料管，并在管与孔壁间灌砂或低标号水泥砂浆，将用鱼网线连接的金属杆下到管底，每日上下窜动，金属杆一旦不能通过的位置即为滑带底部位置，另一根金属杆从地表往下放，直至停止不能通过的位置即滑带顶部位置。

(6) 简单的岩锚伸长计和钻孔多点伸长计：它主要用于岩体内部的线应变测量。这种仪器测量的是岩体内不同深度沿钻孔轴向的位移。两测点间的位移差与其距离之比即为线应变或相对变形值。在国内，钻孔伸长计主要用于地下工程中，测量在开挖过程中岩体的拉力拱或松弛带，以便计算需要支撑的岩体厚度、支护类型及开挖方法；监测断层、拉裂缝和膨胀岩等危险地段在施工期和竣工后的变形；长期观测喷锚加固围岩的效果等。

(7) 滑动测微计：这是一种便携式应变测量仪器。该仪器能测得结构构件或地下连续墙中和岩土体中沿直线的应变分布，适用于地下洞室、边坡、坝体坝基、桩基、地下连续墙等各类岩土工程监测。

2.4.1　光纤传感器

光纤传感技术是 20 世纪 70 年代中期发展起来的一门新技术，它是伴随着光纤及光纤通信技术的发展而逐步形成的。光纤传感器是把光纤传感技术应用于测量领域的一种传感器件，它与传统的传感器相比具有许多优点：灵敏度高，耐腐蚀，电绝缘，防爆性好，抗电磁干扰，光路可挠曲，便于遥测等；而且结构简单，尺寸小，质量轻，频带宽，可进行温度、应变、压力等多种参数的分布式测量。近年来，光纤传感器以其独特的优点，在土木工程领域得到了广泛的应用，成为建(构)筑物结构监测的首选传感器形式。

光纤的主要成分是二氧化硅，由纤芯、包层、涂覆层组成，其基本结构如图 2-23 所示。纤芯折射率较高，其主要成分为掺杂的二氧化硅，含量达 99.999%。其余成分为极少量的掺杂剂，如二氧化锗等，以提高纤芯的折射率。纤芯直径一般在 5 ~ 50μm 之间。包层材料一般为纯二氧化硅，外径为 125μm，作用是把光限制在纤芯中。涂覆层为环氧树脂、硅橡胶等高分子材料，外径约 250μm，用于增强光纤的柔韧性、机械强度和耐老化特性。

光纤传感器的种类很多，按光纤传感器中光纤的作用，可分为传感型和传光型两大类。图 2-24 为光纤传感器的结构框图。传感型光纤传感器，又称功能型光纤传感器，主要使用单模光纤，既起传光作用，又是敏感元件，利用外界因素改变光纤本身的传输特性，使光波导的属性(光强、相位、偏振态、波长等)被调制，从而对外界因素进行计算和数据传输。此类光纤传感器又可分为光强调制型、相位调制型、偏振态调制型和波长调制型等几种。对于传感型光纤传感器，由于光纤本身是敏感元件，因此加长光纤的长度可以得到很高的灵敏度。传光型传感器，又称非功能型光纤传感器，是指利用其他敏感元件

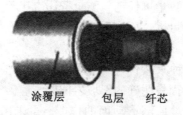

涂覆层　　包层　　纤芯

图 2-23　光纤基本结构

测得的特征量,由光纤进行数据传输,光纤仅作为传光元件,必须附加相应的敏感元件才能组成传感元件。

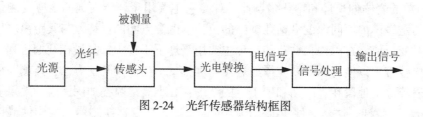

图 2-24　光纤传感器结构框图

光纤传感器按被测对象的不同,又可分为光纤温度传感器、光纤位移传感器、光纤浓度传感器、光纤电流传感器、光纤流速传感器等。按测量范围,还可分为点式光纤传感器、积分式光纤传感器、分布式光纤传感器等。其中,分布式光纤传感器是理想的结构应变分布的监测器,它能在对结构无损伤的情况下,迅速测定物理量的大小、挠动及其位置。通常,分布式光纤传感器是靠检测散射回来的能量来提供沿光纤分布的参数的变化量,需要利用光纤的时域反射技术(TDR)、相干光频域反射技术(OTDR)及非相干光频域反射技术(COFDR)等。

目前有许多不同类型的光纤传感器在土木工程中应用,其主要类型有以下几种:SOFO 系统、微弯传感器(Microbend sensor)、法布里-珀罗(Fabry-Perot)传感器、光纤布拉格光栅(Bragg gratings)传感器、布里渊光纤传感器(Brillouin)、拉曼(Raman)光纤传感器等。

2.4.2　光纤传感原理与应用

2.4.2.1　光纤光栅传感器(FBG)

光纤布拉格光栅传感器的基本原理是:当光栅周围的温度、应力应变或其他待测物理量发生变化时,将导致光栅周期或纤芯折射率的变化,从而产生光栅布拉格信号的波长位移,通过监测布拉格波长位移情况,即可获得待测物理量的变化情况。

光栅的布拉格波长 λ_B 由下式决定:

$$\lambda_B = 2n\Lambda \tag{2-44}$$

式中,Λ 为光栅间隔或周期;n 为芯模有效折射率。

当宽光谱光源照射光纤时,由于光栅的作用,在布拉格波长处的一个窄带光谱部分将被反射回来。反射信号的带宽与几个参数有关，特别与光栅长度有关，在多参数传感器应用中，典型的光栅反射带宽是 0.05~0.3nm。

由于应变、温度变化对光栅产生的扰动将导致器件布拉格波长的位移，因此通过波长位移测量即可获得应变和温度的变化数据。布拉格波长随应变和温度的位移为

$$\Delta\lambda_B = 2n\Lambda\left\{\left\{1 - \frac{n^2}{2}[P_{12} - v(P_{11} + P_{12})]\right\}\varepsilon + \left[a + \frac{\frac{dn}{dt}}{n}\right]\Delta T\right\} \qquad (2\text{-}45)$$

式中，ε 为外加应变；P_{ij} 为光弹性张量的普克尔压电系数；v 为泊松比；a 为光纤材料的热膨胀系数；ΔT 为温度变化量。

作为一种新型光纤传感器，光纤光栅传感器对多个物理量敏感，可以用来测量多个物理量，包括应变、应力、温度、位移、振动、压力等。在水库、大坝等的温度及应变监测中，传感器的精度可达到几个微应变级，具有很好的可靠性，可实现动态测量。

2.4.2.2 光纤微弯传感器

微弯型光纤传感器属于光强调制型传感器，基于光纤微弯损耗原理，是由 J. N. Fields 和 J. H. Cole 于 1980 年首次提出的，最早用于美国海军研究所研制的光纤水听器系统。这种传感器具有较高的灵敏度，可重复性也好，迟滞小，主要应用于对应变、声等物理场的检测或桥梁的支承系统(LCPC)，其检测分辨率可达到 0.1nm 级位移水平，检测动态范围达到 100dB 以上。

微弯光纤传感器的结构如图 2-25 所示，光纤放在上下都带有均匀锯齿槽的夹板中间，并且两个锯齿槽能够很好地相互吻合，当外力对夹板作用荷载发生变化时，光纤的微弯变形幅度将随之变化，并进一步引起光纤中耦合到包层中的辐射模发生相应的变化，从而导致输出光功率的变化，因此，通过测输出光功率变化来间接地测量外部扰动的大小来实现微弯传感器功能。

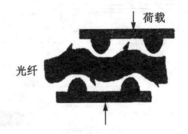

图 2-25　微弯光纤传感器

光纤微弯传感器通过光纤微弯曲导致传输光强度的损耗变化，来测量压力、温度、加速度、应变、流量、速度等环境参量。

2.4.2.3 光纤法布里-珀罗干涉仪

法布里-珀罗干涉仪的原理如图 2-26 所示，它是由两块平行的部分透射平面镜组成的。两块平面镜的反射系数很大，一般大于或等于 95%。假定反射率为 95%，那么在任

何情况下，光源输出光的95%将朝着光源反射回去，其余5%的光将透过平面镜而进入光纤干涉仪的谐振腔内。当这部分透射光到达右面的平面镜时，它的95%将朝着左面的平面镜反射回来，而其余5%的光将透过右面的平面镜入射到光检测器。这部分光将与在两块平面镜之间接连多次往返反射的光合并。如忽略其他损耗，则下一个输出光束的强度都是上一个输出光束强度的0.9025倍。假设相干长度是两块平面镜间距的若干倍，则采用将各种透射光束电场向量求和的方法，可求出入射在光检测器上光信号的强度。

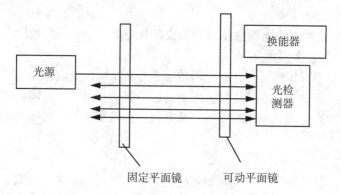

图 2-26　法布里-珀罗干涉仪原理

2.4.2.4　SOFO 系统

SOFO(源于法语 Surveillance d'Ouvragespar Fibres Optiques 的首字母，意为光纤结构监测)是由瑞士联邦工业学院土木工程系 IMAC 应力分析实验室开发的一种点式光纤传感器。完整的 SOFO 监测系统包括光纤传感器、读数装置、数据分析软件以及附属设备(转换箱、连接盒、光缆和连接器等)，如图 2-27 所示。

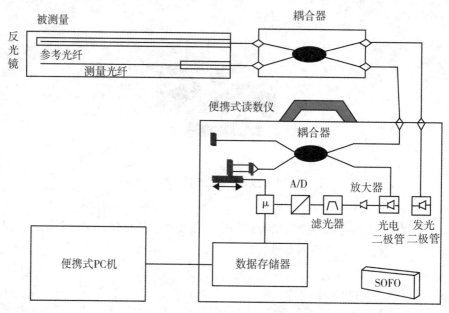

图 2-27　SOFO 系统组成

读数仪是便携式的，由电池供电，防水，适合在多尘和潮湿的建筑场地使用。一次测量只需几秒钟，结果可以自动进行分析，并可通过外接计算机存储数据用作进一步分析。SOFO 系统基于低相干干涉测量原理，其传感器为长标距光纤变形传感器，典型传感器长度范围为 250mm～10m。其主要应用为位移监测。

2.4.2.5 分布式光纤传感器

分布式光纤传感器可以测量呈一定空间分布的场，如温度场、应力场等。分布式光纤传感技术是适应大型工程安全监测而发展起来的一项传感技术。它应用光纤几何上的一维特性进行测量，把被测参量作为光纤位置长度的函数，可以在整个光纤长度上对沿光纤几何路径分布的外部物理参量变化进行连续的测量，同时获取被测物理参量的空间分布状态和随时间变化的信息。目前，发展较快的分布式方式有两类：

(1)以光纤的后向散射光或前向散射光损耗时域检测技术为基础的光时域分布式；

(2)以光波长检测为基础的波域分布式。时域分布式的典型代表为分布式光纤温度传感系统。

2.4.3 位移计

位移计主要用于测量岩土体或其他结构的相对位移，包括钻孔多点位移计和地表多点位移计。

钻孔多点位移计主要用于岩土体内部位移监测，监测沿埋设多点位移计钻孔方向的轴向位移。钻孔多点位移计的测量原理是：在钻孔岩壁的不同深度位置固定若干个测点，每个测点分别用连接件连接到孔口，这样，在孔口就可以测量到连接件随测点移动所发生的移动量；在孔口的岩壁上设立一个稳定的基准板，用足够精度的测量仪器测量基准板到连接件外端的距离，孔壁某点连接件的两次测量差值就是该时间段内该测点到孔口的深度范围岩体的相对位移值。通过不同深度测点测得的相对位移量的比较，可确定围岩不同深度各点之间的相对位移以及各点相对位移量随岩层深度的变化关系。钻孔多点位移计如图 2-28 所示。

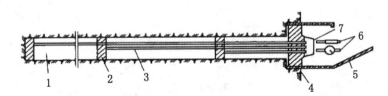

1—钻孔；2—测点锚固器；3—连接件；4—量测头；5—保护盖；6—测量计；7—测量基准板

图 2-28　钻孔多点位移计测量围岩位移

如果孔中最深的测点相对较深，认为该点是在变形影响范围以外的不动点，就能计算出孔内其他各点的绝对位移量。测量连接件位移量的常用方法有直读式和电传感式两种。直读式常用百分表或深度游标卡尺等仪器；电传感测量仪有电感式位移计、振弦式位移计和电阻应变式位移计等。

地表多点位移计主要应用于边坡工程和隧道施工地表监测。地表多点位移计按工作原理分为差动电阻式位移计和钢弦式位移计。差动电阻式位移计的工作原理是,当外界提供电源时,输出的电阻变化量与位移变化量成正比,从而通过输出电阻变化量求出位移。钢弦式位移计两端伸长或压缩时,传感器钢弦处于张拉或松弛状态,此时钢弦频率发生变化,受拉时频率增高,受压时频率降低,位移与频率的平方差呈线性关系,测出位移后的钢弦频率,即可计算出位移。

2.4.4 测斜仪

测斜仪主要应用于岩土体分层水平位移监测。测斜仪按其工作原理,有伺服加速度式、电阻应变片式、差动电容式、钢弦式等多种。由于伺服加速度式测斜仪精度较高,变形监测使用较多,本节介绍伺服加速度式测斜仪。

伺服加速度式测斜仪是利用重力摆锤始终保持铅直方向的性质,测得仪器中轴线与摆锤垂直线间的倾角,倾角的变化可由电信号转换而得。图 2-29 为测斜仪工作原理示意图,使用时需要在监测体上埋设测斜管,如图 2-30 所示。测斜管内径上有两组互成 90°的导向槽,当测头在测斜导管内自下而上以一定间距(基长,0.5m)逐段滑动测量时,测头内的传感器敏感地反映出测斜导管在每一深度处倾斜角度的变化 θ_i,从而得到测斜导管每段的水平位移增量(Δ_i),即:

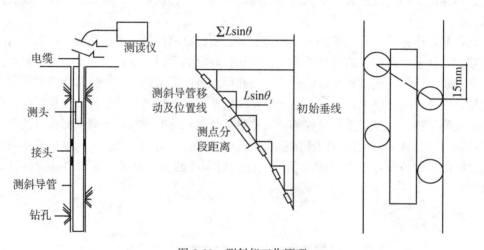

图 2-29 测斜仪工作原理

$$\Delta_i = L\sin\theta_i \tag{2-46}$$

式中,L 为测头导轮间距。

把每段的水平位移增量自下而上逐段累加,得到不同深度及孔口的总位移量 δ_i,即:

$$\delta_i = \sum \Delta_i = \sum L\sin\theta_i \tag{2-47}$$

测斜仪是沿测孔两个正交方向测量的,所以可描述测孔沿深度的位移全貌,从而可准确地确定发生位移(滑动)的部位,以及位移大小和方向。

2.4.5 孔隙水压计

孔隙水压力计,又称为渗压计,是用于测量建(构)筑物内部或岩土体的孔隙水压力

图 2-30　测斜仪的工程应用

或渗透压力的传感器。按仪器类型分，孔隙水压计可以分为差动电阻式、振弦式、压阻式及电阻应变片等。国内土石坝和其他土工结构多采用振弦式和差动电阻式孔隙水压计，美国和英国使用气压式孔隙水压计较多，日本则主要使用电阻式孔隙水压计。鉴于我国工程项目中多使用振弦式孔隙水压计，本节以振弦式孔隙水压力计为例，介绍孔隙水压力计的原理及使用。

图 2-31 所示为振弦式孔隙水压力计测头结构。振弦式孔隙水压力仪由透水体（板）、承压膜、钢弦、支架、线圈、壳体和传输电缆等构成。当孔隙水压力经透水板传递至仪器内腔作用到承压膜上时，承压膜连带钢弦一同变形，测定钢弦自振频度的变化，即可把液体压力转化为等同的频率信号测量出来。

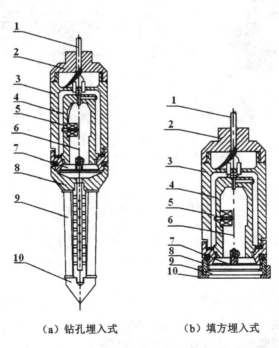

（a）钻孔埋入式　　　（b）填方埋入式

1—屏蔽电缆；2—盖帽；3—壳体；4—支架；5—线圈；
6—钢弦；7—承压膜；8—底盖；9—透水体；10—锥头

图 2-31　振弦式孔隙水压力计测头

在监测孔隙水压力之前，应首先根据区域情况布设孔隙水压力监测点，每点埋设 1~2 个孔隙水压力监测计，每个不同土质的土层各 1~2 个。孔隙水压力计监测点井位高程首次需与水准基准点联测。计算公式为

$$P = K(f_0^2 - f_i^2) + B \qquad (2\text{-}48)$$

式中，P 为孔隙水压力，kPa；K 为率定系数，MPa；f_0 为初始频率，Hz；f_i 为测量频率，Hz；B 为修正值，MPa。

2.4.6 土压力计

土压力计又称土压力盒，是一种监测土压力的传感器。根据传感器类型不同，土压力计可分为振弦式、电阻应变片式、差动电阻式、气压式、水压式等。长期监测静态土压力时，一般多采用单模振弦式土压力计，该压力计主要用于路基、基坑、挡土墙、大坝、隧道矿井等应用领域。由于振弦式土压力计灵敏度高、精度高、稳定性好，适于长期观测，在国内工程项目中使用普遍，本节介绍振弦式土压力计。

振弦式土压力计是根据张力弦原理设计的。如图 2-32 所示，土压力计由感应板、振弦、激振电磁线圈、信号传输电缆等组成。当被测结构物内土应力发生变化时，土压力计感应板同步感受应力的变化，感应板将会产生变形，变形传递给振弦，转变成振弦应力的变化，从而改变振弦的振动频率，电磁线圈激励振弦并测量其振动频率，频率信号经电缆传输至读数装置，即可测出被测结构的压应力值：

 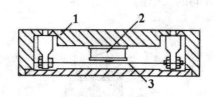

（a）土压力计外观图　　　（b）土压力计结构图

1—感应板；2—线圈；3—钢弦

图 2-32　振弦式土压力计

$$p = \frac{4L^2 p}{k_2}(f^2 - f_0^2) = K(f^2 - f_0^2) \qquad (2\text{-}49)$$

式中，K 为压力盒灵敏系数，需要通过土压力盒标定曲线求得；f 为外力 P 作用时土压力盒的频率，通过频率计测得；f_0 为土压力盒的初始频率，可由土压力盒标定曲线或者频率计确定。

土压力计(盒)的埋设有两种情况，一种是在混凝土建筑物浇筑施工过程中同时进行埋设；另一种是在混凝土建筑物浇筑完成后再进行埋设。由于土压力计(盒)的埋设专业性较强，需要岩土工程监测人员与施工人员配合完成。

2.4.7 收敛计

地下工程开挖后，其开挖面将产生收敛位移。收敛测量是对其内壁两点连线方向上相

对位移进行量测,是监测净空收敛的简便方法。

收敛测量常用的仪器称为收敛计,它是一种可以迅速测量净空平(断)面内各个方向两点之间相对位移(即收敛)的仪器。收敛计按传递位移采用的部件不同,可分为钢丝式、钢尺式和杆式三种。尽管收敛计类型各异,但它们都由传递位移媒介(钢卷尺或钢丝)、测力装置(保持测量中恒力张力的弹簧)、测读位移设备(百分表或电子显示器)和锚固埋点四部分组成。

(1)钢丝式收敛计。收敛计的钢丝采用对温度影响不敏感的铟钢制成。用弹簧或双速马达,也有用悬吊重锤对钢丝(尺)施加恒定拉力,采用百分表或数字电压表测读。钢丝式收敛计精度和分辨力都较高,但使用操作不太方便。

(2)钢尺式收敛计。钢尺式收敛计的钢尺用铟钢或不锈钢制成,钢尺长度有10m、15m、20m、30m、50m不等。钢尺上刻有精确间距的孔和刻度,作为测量的粗读数。仪器上装有百分表或电子显示器作为微读数。钢卷尺式收敛计具有结构简单、操作方便、体积小、重量轻等优点。图2-33所示为百分表钢尺收敛尺,图2-34所示为数字显示钢尺收敛尺。

图2-33　百分表钢尺收敛尺

(3)杆式收敛计。杆式收敛计由可作相对滑移的内杆和外杆、测读设备、接长杆和测桩等组成。杆式收敛计主要用于断面较小和围岩变形较大情况的测量。

图2-34　数字显示钢尺收敛尺

收敛测量时,将收敛计一端的连接挂钩与测点锚栓上不锈钢环(钩)相连,展开钢尺,使挂钩与另一测点的锚栓相连,如图2-35所示。张力粗调可把收敛计测力装置上的插销定位于钢尺穿孔中来完成。张力细调则通过测力装置微调至恒定拉力时为止。在弹簧拉力作用下,钢尺固紧,用高精度的百分表或电子显示器可测出细调值。记下钢尺读数,加上(减去)测微细调读数,即可得到测点位移值。

在制定收敛计监测方案时,应注意收敛计一次量测距离的限制问题,带式和丝式收敛计的一次量测距离一般应小于30m,而杆式收敛计的一次量测距离通常小于5m,其目的是限制非铅垂方向测量时钢尺挠曲对测量精度的影响。

为提高测量精度,每一工程使用一专用的收敛计,并用率定架定期核对其稳定性和确定温度补偿进行校验。更换钢尺时,则应建立新的基准读数。仪表使用前,温度应稳定。

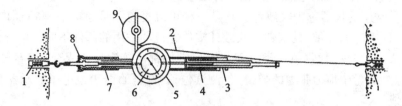

1—锚固埋点；2—钢尺(每隔 2.5cm 穿一孔)；3—校正拉力指示器；4—压力弹簧；
5—密封外壳；6—百分表；7—拉伸钢丝；8—旋转轴承；9—钢带卷轴

图 2-35   钢尺式收敛计工作原理

2.5   D-InSAR 监测技术

合成孔径雷达(synthetic aperture radar，SAR)是 20 世纪 50 年代末研制成功的一种微波传感器，也是微波传感器中发展最为迅速和有效的传感器之一。随着 SAR 技术的飞速发展，20 世纪 60 年代末出现了合成孔径雷达干涉技术(interferometric synthetic aperture radar，InSAR)，它是 SAR 与射电天文学干涉测量技术的完美结合，该技术适于监测大面积的滑坡、崩塌、泥石流以及地裂缝、地面沉降等地质灾害，精度可以达到毫米级，是一项快速、经济的空间探测技术。

合成孔径雷达差分干涉(differential InSAR，D-InSAR)技术是在 InSAR 技术的基础上发展起来的，它利用同一地区的两幅干涉图像，其中一幅是通过形变时间发生前的两幅 SAR 获取的干涉图像，另一幅是通过形变事件前后两幅 SAR 图像获取的干涉图像，然后将两幅干涉图进行差分处理(除去地球曲率和地形起伏的影响)可获取地表微量形变，可从包含目标区域地形和形变等信息的一幅或多幅干涉纹图中提取地面目标的微小形变信息，如图 2-36 所示。因此，D-InSAR 可以用来研究地表面水平和垂直位移，主要用于对 DEM 修测和精化、地壳形变监测、地震变形监测、地面沉降监测及滑坡监测以及大型工程的形变等，监测精度可达到毫米级。

（a）InSAR干涉图   （b）从DEM获得的合成干涉图   （c）差分干涉图

图 2-36   差分干涉图的生成

2.5.1 D-InSAR 测量原理

D-InSAR 技术是在主动式微波合成孔径雷达相干成像基础上利用多次重复观测进行地表微小变形监测的技术，是基于面观测的形变遥感监测手段。通过差分干涉雷达技术获取地表的形变信息，主要有三种方法：已知 DEM 的双轨道法、三轨法和四轨法。

2.5.1.1 已知 DEM 的双轨法

该方法又称"二轨法"。它是利用测区地表变化前后两幅影像生成干涉纹图，再利用事先获取的 DEM 数据模拟纹图，从干涉纹图中去除地形信息，就得到地表变化信息。这种方法的优点是无需进行相位解缠，减少处理工作量；缺点是在无 DEM 的地区无法采用上述方法；另外，在引入 DEM 数据的同时，有可能带入新的误差。

2.5.1.2 三轨法

它是利用三景影像生成两幅干涉条纹图(一幅反映地形信息，一幅反映地表形变信息)进行平地效应消除后，分别进行相位解缠，最后利用差分干涉测量原理计算得到地表信息。三轨法的优点是无需地面信息，数据间的配准较容易实现；缺点是相位解缠的好坏将影响最终结果。

2.5.1.3 四轨法

在很难挑选满足三轨模式的差分干涉影像对情况下，例如三幅图像中，地形图像对的基线不适合生成 DEM，或者形变图像对的相关性很差，无法获得好的形变信息，可选择用四幅 SAR 图像进行差分干涉处理，即选择两幅适合生成 DEM 的 SAR 图像，另外选择两幅适合做形变的 SAR 图像，而后与三轨法相同，分别进行平地效应消除和相位解缠，最后利用差分干涉测量原理计算得到地表信息。四轨法的优点是获得的形变精度高；缺点是得到的两幅干涉影像不易配准。

由于三轨法是在形变处理中最常用的方法，也是最基本的方法，且已知 DEM 的双轨法和四轨法只是数据的获取不同，从原理上说是基本一致的。因而下面以三轨法干涉测量为例介绍其基本原理。

如图 2-37 所示，A_1、A_2 和 A_3 是卫星 3 次对同一地区成像的位置，由图中几何关系及 $B_1 << r_1 + r_2$，可得：

$$r_2^2 = r_1^2 + B_1^2 - 2r_1 B_1 \cos\left(\frac{\pi}{2} - \theta + \partial_1\right) \Rightarrow$$
$$r_1 - r_2 \cong B_1 \sin(\theta - \partial_1) \cong B_{//} \tag{2-50}$$

上式表明用干涉测量法所量测到的相位差与视线方向的基线分量成正比。这里设定在 A_1 处获得第一幅影像为主影像，假设在地表未发生形变前，在 A_1 处获取第二幅影像，所以第二幅影像与 A_1 处的第一幅影像形成的干涉条纹图，其干涉相位仅包含地形信息，即相位差可表示为

$$\Delta\phi_{12} = \phi_1 - \phi_2 = \frac{2\pi}{\lambda}\rho(r_2 - r_1) = -\frac{4\pi}{\lambda}B_1\sin(\theta - \partial_1) = -\frac{4\pi}{\lambda}B_{//} \tag{2-51}$$

式中，重复轨道 $\rho = 2$；λ 为微波波长。

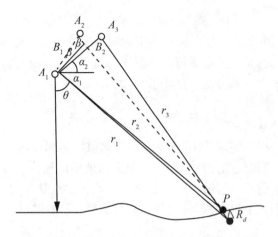

图 2-37　三轨法差分干涉测量成像几何示意图

假设发生形变后在 A_3 处获取了第三幅 SAR 影像，所以第一幅与第三幅 SAR 影像形成的干涉条纹图的相位，既包含区域的地形信息，又包含观测期间的地表形变信息。由于获得的影像间要求基线足够小，可近似看作 θ 不变，即相位差可表示为

$$\Delta\phi_{13} = \phi_1 - \phi_3 = \frac{2\pi}{\lambda}\rho(r_3 - r_1) = -\frac{4\pi}{\lambda}B_2\sin(\theta - \partial_2) = -\frac{4\pi}{\lambda}B'_{/\!/} \tag{2-52}$$

由式(2-51)和式(2-52)得

$$\frac{\Delta\phi_{12}}{\Delta\phi_{13}} = \frac{B_{/\!/}}{B'_{/\!/}} \tag{2-53}$$

假设 ΔR_d 为视线向形变量，则由式(2-51)、式(2-52)和式(2-53)推得由视线向形变量引起的干涉条纹图相位差 $\Delta\phi_d$ 可表示为

$$\Delta\phi_d \approx \Delta\phi_{13} - \Delta\phi_{12} = \Delta\phi_{12}\left(1 - \frac{B'_{/\!/}}{B_{/\!/}}\right) = \frac{4\pi}{\lambda}\Delta R_d \tag{2-54}$$

上式左边各量可由干涉条纹图的相位和轨道参数计算得到，进而可确定影像每点的视线向形变量 ΔR_d，分解后得到水平形变量和垂直形变量。

利用 D-InSAR 技术提取形变的具体流程如下：首先，选择合适的雷达卫星，进而选取监测时间获取相应雷达数据，对选取的 D-InSAR 数据进行精确的配准，计算出同一点上的相位差；然后将生成的干涉图进行滤波处理和去除平地效应后，对干涉图进行相位解缠，得到绝对相位变化，再利用差分干涉处理得到差分干涉图；最后经过对差分干涉图相位进一步相位解缠，得到地表的微小形变信息。

2.5.2　D-InSAR 监测技术优势及发展

D-InSAR 技术在变形监测应用上具有独特优势：

(1)大范围、全天候。由于 D-InSAR 使用从卫星雷达获取的数据，它一次能覆盖几百至上千平方公里的范围，如卫星传感器扫描带宽度 RADARSAT-1 是 45~500km，ENVISAT 是 56~400km 等。另外，由于卫星雷达监测能穿透云层，且没有昼夜之分，所以具有全天候的特性，这是光学遥感及其他监测技术无法满足的。

（2）高精度、高分辨率。D-InSAR 技术对地表微小形变监测能力达到毫米的级，从而能够提供高精度的宏观静态信息和微观动态信息，达到对持续较慢发展边坡活动的连续捕获。随着航天技术的发展，SAR 卫星传感器空间分辨率不断提高，数据接收、处理、集成等的发展使得 D-InSAR 技术可达到准实时动态监测。

（3）能够监测人员难以进入的区域：D-InSAR 技术使用的是卫星 SAR 数据，无需设置地面基准点，因而能够监测人员无法进入的区域。

2.5.2.1　PS-InSAR 技术

常规 D-InSAR 技术的优势在于获取大范围的剧烈地表形变，但却无法满足毫米级形变监测的精度要求，其原因主要有以下几方面：（1）空间基线带来的频谱偏移影响了信号的质量，即空间去相干问题；（2）地面物理属性变化引起的时间去相干问题；（3）不同时相的雷达波在传播过程中受到的大气不一致性影响而造成的大气效应误差；（4）系统热噪声，影像配准误差等。针对 D-InSAR 技术存在的上述问题，永久散射体（Permanent Scatterer，PS）技术的提出，成为实现地表微小形变监测的突破口。

与传统的 D-InSAR 技术不同，PS-InSAR 技术关注的是时间序列 SAR 数据集中有着稳定散射特性的 PS 点。地面目标成为一个永久散射体必须满足以下三个基本条件：（1）长时间内目标点物理属性保持稳定；（2）目标足够小（小于影像的分辨单元），受空间去相干影响小；（3）该目标后向散射系数远远高于其所在 SAR 影像分辨率单元内的其他目标。在由 PS 点构成的稀疏图上，根据地形相关相位、形变相位和大气效应相位三者不同的时空特性进行分离，能够最终获取高精度的形变监测结果。

PS-InSAR 技术利用近 20 年来 SAR 数据的积累，克服了传统 D-InSAR 技术在时间、空间去相干影响及大气效应上的劣势，在地表高精度微小形变监测，尤其是城市沉降监测等应用领域取得了巨大的成功，利用星载对地观测数据将地表形变观测精度提升至毫米级，其贡献是毫无疑问的。但是，由于该技术对 PS 点选取的要求十分严格，在时间维度上部分保持相干性的目标和空间维度上的分布式目标中所蕴含的信息都被舍弃，这就造成了 PS 技术在人工地物缺乏的地区受到了一定限制。

2.5.2.2　GNSS 和 InSAR 技术的结合

目前，伴随着 SAR 技术的研究热潮，InSAR 技术也逐渐走向成熟。但由于 InSAR 技术对大气误差、卫星轨道误差、地表状况以及时态不相关等因素非常敏感，造成了该技术在地表形变探测应用中的困难。因此，GNSS 与 InSAR 技术的结合，也成了一种必然。采用 GNSS-InSAR 合成技术将突破单一技术应用的局限，发挥其各自优势，极大地改善空间域和时间域的分辨能力。因此，必将在地表形变监测方面展现出大范围覆盖与高精度的巨大潜力。

GNSS 和 InSAR 两项技术是当今进行大范围地表沉降监测的主要手段，技术上互有优势和不足。GNSS 测点布设的空间分辨率较低，不足以满足高空间分辨率形变监测的需求，但其在时间域的分辨率可以达到数分钟甚至更高到几十秒级，从而可以提供时间分辨率很高的观测数据。而 InSAR 提供的是整个区域面上的连续信息，其空间分辨率甚至可以达到 20m×20m，但 SAR 卫星的重复周期通常为 35 天左右，很难提供足够的时间分辨率。由此可见，采用某种单一的手段和方法对一定区域进行大范围的地面沉降监测是存在不足的，而把这两种技术相结合才是解决问题的有效手段。另外，国内外大量研究成果表明，GNSS 与 InSAR 的数据融合不仅可以改正 InSAR 数据本身难以消除的大气延迟误差以及卫星轨道误差等，而且可以更好地把 GNSS 的高时间分辨率和高平面位置精度与 InSAR 技术的高空间分辨率和较好的高程变形精度完美地统一起来，更好地应用于大范围的地面沉降监测。

2.5.2.3 微变形监测系统

相比 D-InSAR 技术普遍采用大范围的卫星影像数据，IBIS 微变形远程监测系统针对的是相对小范围的山体滑坡、大坝变形、冰川消融、边坡失稳、矿区沉降、桥梁和建筑物监测等领域。IBIS(image by interferometric survey，干涉测量成像)是意大利 IDS 公司与佛罗伦萨大学合作研发的一套全新的微变形监测系统，采用广泛运用于卫星对地遥感的雷达干涉测量技术，可以对目标区域进行远距离、大范围的全天候监测，获取高精度的测量结果。如图 2-38 所示。

（a）桥梁微变远程监测　　　（b）大坝微变远程监测　　　（c）露天矿边坡监测

图 2-38　微变形监测系统 IBIS

IBIS 系统分为-L 和-S 两种模式。IBIS-L 采用 2m 的线性扫描器轨道，是合成孔径雷达和步进频率连续波(SF-CW)技术的结合。基于微波干涉测量技术，系统测量目标体上每两点之间的反射波相位差，并把同一地区、不同时间的合成孔径雷达图像结合起来，通过比较不同时刻的发射波相位，得到目标体的位移信息，能够高精度连续绘制并显示整个目标体的实时位移图。该系统能够完成对大坝坝体、边坡、水利工程、建筑物的位移监测，还能对山体滑坡和较大范围的地面沉降进行远距离、长时间的监测。其测量精度不低于 0.1mm，遥测距离最远达 4km。

IBIS-S 主要针对动、静态监测，该系统不仅可以实现对桥梁、建筑物、高塔等的瞬时位移的监测，而且还可对这些目标的变形、共振频率等关键参数的远程实时监测。其测量精度为 0.1~0.01mm，遥测距离最远达 1km(其中，静态监测的精度为 0.1mm 以上；动态监测的精度为 0.01mm)。

2.5.3　地基 InSAR 在高速铁路桥梁监测的应用

近年来，我国高速铁路发展迅速，建设了大量高速铁路桥梁。随着通行列车数量、载重和速度的变化，使得桥梁动力响应增大，引起桥梁的振动加剧。因此，为了评估桥梁安全运营能力、检验结构设计正确性、评估桥梁寿命，对桥梁振动参数进行数据采集已成为桥梁运营监测工作的一项重要内容。桥梁振动参数包括梁体横纵向位移、振动频率、振幅等动态特性。常用的监测方法有加速度传感器法、全站仪法、近景摄影测量技术等，但其精确度、自动化程度已无法满足动态监测的需要。高频 GNSS 测量技术已经应用在大型建筑物动态监测中，但其监测数据中含有随机噪声和多路径效应误差，使数据分析变得困难。地基 InSAR 采用步进频率连续波（stepped frequency-continuous Wave，SF-CW）、合成孔径雷达和干涉测量技术，具有高精度、高采样频率和整体监测的特点，有利于实现对高层建筑物、桥梁、高塔、坝体、边坡等工程的微小位移变化监测。

该监测项目选定某高速铁路桥 1137 号墩至 1138 号墩间双线简支箱梁，铁路的方向为南北方向，应用 IBIS-S 测量上行线及下行线列车通过时的桥梁动态变化。主机安置在该铁路桥正下方，距离 1137 号墩 8m 处，观测梁体跨点的距离向位移，结合软件将数据投影为竖向位移，进行测量结果分析。该梁体为 58m 的双线简支箱梁。图 2-39 所示为 IBIS 设备的设站位置。

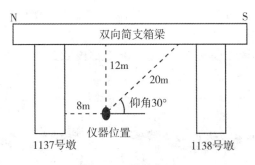

图 2-39　设站位置

监测目的在于应用 IBIS-S 测量列车通过时桥梁的动态变化，主要测量竖直和水平方向的动态变化，如图 2-40 所示。IBIS-S 系统直接测量得到目标物的位移变化量是在距离向上的变化量，通过数据处理可以将变化量投影到竖直方向上。图 2-40 中 d 为距离向位移变化量，d_s 为竖向位移，α 为仪器仰角，R 为仪器到目标物的斜距，s 为仪器距离目标物的水平距离，h 为仪器距离目标物的垂直距离。则竖向位移计算公式为

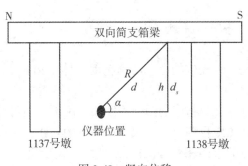

图 2-40　竖向位移

$$d_s = d \cdot \sin\alpha \tag{2-55}$$

$$\sin\alpha = \frac{h}{R} \tag{2-56}$$

将式(2-56)代入式(2-55)可得

$$d_s = d \cdot \frac{h}{R} \tag{2-57}$$

式中，仪器可直接测得距离向位移变化量 d ，故只需测定仪器距离目标物的垂直距离 h 和仪器到目标物的斜距 s ，即可得到目标物的竖向位移。

如图 2-38 所示，设站参数倾斜角 α 为 30°，此时视线方向距离为 20m，为便于分析，采集断面上的 4 个点进行分析，即分别为 20.0m、20.5m、21.0m、21.5m，图 2-40 所示为列车通过时 4 个监测点的动态变化。

图 2-41 中，四条曲线分别表示为目标梁体 4 个点竖向位移曲线。由于设站位置距离公路很近，当公路中有车辆行驶时引起地面微小震动，使得仪器不稳，造成即使没有列车通过，4 条曲线仍然产生一定的震荡，振幅达 0.01mm。而在列车通过时，4 个点的变化异常突出，出现 4 个高峰，分别是列车第一次和第二次通过 4 点时的动态变化，最大变化为 0.4mm。

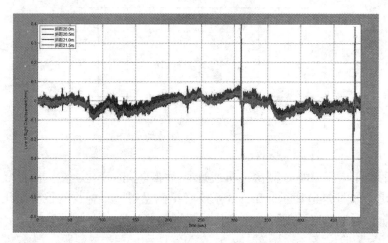

图 2-41　1137~1138 号墩间梁体跨点竖向位移

2.6　地面三维激光扫描监测技术

三维激光扫描技术是一种先进的全自动高精度立体扫描技术，又称为实景复制技术，是继 GNSS 空间定位技术后的又一项测绘技术革新。三维激光扫描仪的主要构造是由一台配置伺服马达系统、高速度、高精度的激光测距仪，配上一组可以引导激光并以均匀角速度扫描的反射棱镜。激光测距仪测得扫描仪至扫描点的斜距，再配合扫描的水平和垂直方向角，可得到每一扫描点的空间相对 X，Y，Z 坐标，大量扫描离散点数据的结合，则构成了三维激光扫描的"点云"（point clouds）数据。图 2-42 所示为三维激光扫描仪结构，图 2-43 所示为点云数据图。

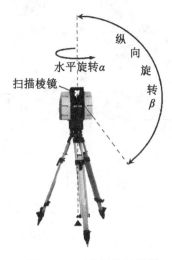

图 2-42　三维激光扫描仪　　　　　　　　图 2-43　点云数据

三维激光扫描仪按照扫描平台的不同，可以分为机载（或星载）激光扫描系统、地面型激光扫描系统、便携式激光扫描系统。

现在的三维激光扫描仪每次测量的数据不仅包含 X，Y，Z 点的信息，还包括 R，G，B 颜色信息，同时还有物体反射率的信息，这样全面的信息能给人一种物体在电脑里真实再现的感觉，这是一般测量手段无法做到的。

2.6.1　地面三维激光扫描测量原理

如图 2-44 所示，三维激光扫描仪发射器发出一个激光脉冲信号，经物体表面漫反射后，沿几乎相同的路径反向传回到接收器，可以计算目标点 P 与扫描仪的距离 S，控制编码器同步测量每个激光脉冲横向扫描角度观测值 α 和纵向扫描角度观测值 β，就可以利用式(2-58)计算 P 点的三维坐标。三维激光扫描测量一般为仪器自定义坐标系。X 轴在横向扫描面内，Y 轴在横向扫描面内与 X 轴垂直，Z 轴与横向扫描面垂直。

$$X_P = S \cdot \cos\beta \cdot \cos\alpha$$
$$Y_P = S \cdot \cos\beta \cdot \sin\alpha \qquad\qquad (2\text{-}58)$$
$$Z_P = S \cdot \sin\beta$$

2.6.1.1　测距原理

三维激光扫描仪的测距方法主要有脉冲法、相位法和三角法。脉冲法和相位法电磁波测距原理详见全站仪测量原理。

三角法测距是借助三角形几何关系，求得扫描中心到扫描对象的距离。激光发射点和 CCD 接收点位于长度为 L 的高精度基线两端，并与目标反射点构成一个空间平面三角形。如图 2-45 所示，通过激光扫描仪角度传感器可得到发射、入射光线与基线的夹角分别为 γ、λ，激光扫描仪的轴向自旋转角度 α，然后以激光发射点为坐标原点，基线方向为 X 轴正向，以平面内指向目标且垂直于 X 轴的方向线为 Y 轴建立测站坐标系。通过计算可

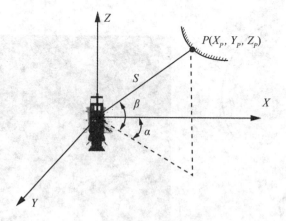

图 2-44　三维激光扫描原理

得目标点的三维坐标，如下式：

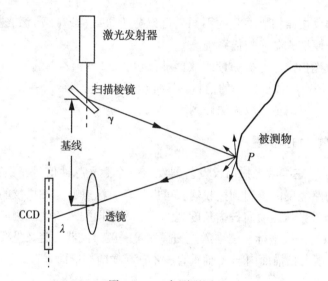

图 2-45　三角测距原理

$$X = \frac{\cos\gamma \cdot \sin\lambda}{\sin(\gamma + \lambda)} \cdot L$$

$$Y = \frac{\sin\gamma \cdot \sin\lambda \cdot \cos\alpha}{\sin(\gamma + \lambda)} \cdot L \qquad (2\text{-}59)$$

$$Z = \frac{\sin\gamma \cdot \sin\lambda \cdot \sin\alpha}{\sin(\gamma + \lambda)} \cdot L$$

结合 P 点的三维坐标，便可得被测目标的距离 S，在公式（2-59）中，由于基线长 L 较小，故决定了三角法测量距离较短，适合于近距测量。

2.6.1.2 测角原理

1. 角位移测量方法

区别于常规仪器的度盘测角方式，激光扫描仪通过改变激光光路获得扫描角度。把两个步进电机和扫描棱镜安装在一起，分别实现水平和垂直方向扫描。步进电机是一种将电脉冲信号转换成角位移的控制微电机，它可以实现对激光扫描仪的精确定位。在扫描仪工作的过程中，通过步进电机的细分控制技术，获得稳步、精确的步距角 θ_b：

$$\theta_b = \frac{2\pi}{N \cdot m \cdot b} \tag{2-60}$$

式中，N 是电机的转子齿数；m 是电机的相数；b 是各种连接绕组的线路状态数及运行拍数。在得到 θ_b 的基础上，可得扫描棱镜转过的角度值，再通过精密时钟控制编码器同步测量，便可得每个激光脉冲横向、纵向扫描角度观测值 α、θ。

2. 线位移测量方法

激光扫描测角系统由激光发射器、直角棱镜和 CCD 元件组成，激光束入射到直角棱镜上，经棱镜折射后射向被测目标，当三维激光扫描仪转动时，出射的激光束将形成线性的扫描区域，CCD 记录线位移量，则可得扫描角度值。

2.6.1.3 三维激光扫描仪分类

各种三维激光扫描仪在测距精度、测距范围、数据采样率、最小点间距、点位精度、模型化点定位精度、激光点大小、扫描视场、激光等级、激光波长等指标上有所不同，应根据不同的测量要求和情况，如成本、模型精度要求等因素，进行综合考虑之后，选用不同的三维激光扫描仪，表 2-3 为三维激光扫描仪的分类参考表。

表 2-3 三维激光扫描仪的分类

划分指标	仪 器 类 型			
承载平台	机载型	车载型	地面型	手持式
测距范围	超长距离：> 1000m	长距离：30~1000m	中距离：3~30m	短距离：< 3m
扫描现场	矩形扫描系统	环形扫描系统		穹形扫描系统
扫描方式	线扫描系统		面扫描系统	
测距原理	脉冲飞行时间差测距	相位差测距	三角测量	

随着三维激光扫描测量技术的应用领域不断扩大，生产扫描仪的厂商也越来越多，主要有瑞士 Leica 公司、加拿大 Optech 公司、美国 FARO 公司、奥地利 RIGEL 公司、美国 3D DIGITAL 公司、法国 MENSI 公司等。近年来，我国多家测绘科技公司也推出了国产品牌三维激光扫描仪。

2.6.1.4 三维激光扫描应用

三维激光扫描技术监测应用一般包括三个基本步骤，即数据获取、数据处理和建模评估。

1. 数据获取

利用软件平台控制三维激光扫描仪对特定的实体和反射参照点进行扫描，尽可能多地获取实体相关信息。三维激光扫描仪最终获取的是空间实体的几何位置信息，点云的发射密度值，以及内置或外置相机获取的影像信息。这些原始数据一并存储在特定的工程文件中。其中选择的反射参照点都具有高反射特性，它的布设可以根据不同的应用目的和需要选择不同的数量和型号，通常两幅重叠扫描中应有 4~5 个反射参照点。

2. 数据处理

(1)数据预处理。数据获取完毕之后的第一步就是对获取的点云数据和影像数据进行预处理，应用过滤算法剔除原始点云中的错误点和含有粗差的点。对点云数据进行识别分类，对扫描获取的图像进行几何纠正。

(2)数据拼接匹配。一个完整的实体用一幅扫描往往是不能完整地反映实体信息的，这需要我们在不同的位置对它进行多幅扫描，这样就会引起多幅扫描结果之间的拼接匹配问题。在扫描过程中，扫描仪的方向和位置都是随机、未知的，要实现两幅或多幅扫描的拼接，通常是利用选择公共参照点的办法来实现这个过程。这个过程也称为间接的地理参照。选取特定的反射参照目标作为地面控制点，利用它的高对比度特性实现扫描影像的定位以及扫描和影像之间的匹配。扫描的同时，采用传统手段，如全站仪测量，获得每幅扫描中控制点的坐标和方位，再进行坐标转换，计算就可以获得了实体点云数据在统一的绝对坐标系中的坐标。这一系列工作包含人工参与和计算机的自动处理，是半自动化完成的。

3. 建模评估

三维激光扫描技术建模评估的步骤如下：

(1)算法选择。在数据处理完成后，接下来的工作就是对实体进行建模，而建模的首要工作是数学算法的选择。这是一个几何图形反演的过程，算法选择的恰当与否，决定最终模型的精度和和数据表达的正确性。

(2)模型建立和纹理镶嵌。选择了合适的算法，可以通过计算机直接对实体进行自动建模。点云数据则保证了表面模型的数据，而影像数据则保证了边缘和角落的信息完整和准确。通过自动化的软件平台，用获取的点云强度信息和相机获取的影像信息对模型进行纹理细节的描述。

(3) 数据输出与评价。基于不同的应用目的，可以把数据输出为不同的形式，直接为空间数据库或工程应用提供数据源。然而，数据的精度和质量如何呢？能否满足各种应用的要求？对结果进行综合的评估分析仍是很重要的一步，评估的模型和评价标准要根据不同的应用目的来确定。

三维激光扫描测量技术不断发展并日渐成熟，其设备也逐渐商业化。三维激光扫描仪的巨大优势就在于可以快速扫描被测物体，不需反射棱镜即可直接获得高精度的扫描点云数据，可以高效地对真实世界进行三维建模和虚拟重现。因此，其已经成为当前各个领域所采用的热点技术之一，并在文物数字化保护、土木工程、工业测量、自然灾害调查、数字城市地形可视化、城乡规划等领域有着广泛的应用。

2.6.2 变形监测中的应用

三维激光扫描测量技术已经广泛应用于古建筑三维重构、大型钢结构建筑安装测量与变形监测等领域，如鸟巢钢结构安装与质量监测、国家体育馆屋顶钢结构安装与滑移质量监测、京沪高铁天津西站站房钢构安装测量及质量监测等。三维激光扫描技术以其独特的优势，在施工质量检测、整体建模及其变形监测等方面发挥着越来越重要的作用。

2.6.2.1 大型钢结构变形监测

天津西站站房工程是亚洲最大的铁路站房工程，是新建京沪高速铁路的重要节点工程。站房总建筑面积 $22.9×10^4 m^2$，屋架为大跨度箱型联方网壳钢结构，东西跨度 114m，总长 394.063m，总高度 47m，钢结构总重量达 18000t。屋盖由两侧拱脚散拼段和中间提升段三部分组成，提升段跨度 68.9m，矢高 11.62m，提升高度 34.13m，总提升重量约 9700t，每段有 48 个四边形接口，接口合拢的测量精度要控制在 3mm 以内。提升段采用整体卧式在 10m 高架层楼板上进行拼装，然后用液压千斤顶群同步控制整体提升，最终完成屋面结构合拢的施工方法。图 2-46 所示是天津西站站房工程现场。

图 2-46　天津西站站房工程现场

天津西站主站房大跨度箱型联方网壳三维激光扫描辅助施工监测，主要包括以下几个阶段及相关内容：

(1)钢拱在楼面焊接完毕后与上侧接口之间的对接状态测量。钢拱在楼面拼装好后，为检测钢拱的形状和大小是否和设计的一致，要做以下两项工作，一是检测钢拱拼装后上下接口偏差，二是检测钢拱网格节点的坐标。

(2)钢拱预提升一段高度后接口偏移状况及钢拱变形状况测量。在钢拱提升之前有一次预提升，将钢拱提升 30cm 后静止 24 小时，监测上下接口的偏差和钢拱网格节点坐标，根据偏差进行校正，然后提升到上接口位置进行焊接。

(3)钢拱焊接完毕后支撑柱卸载前后屋面整体形变状况测量。此阶段要进行两次测量工作，即支撑柱卸载前的形态测量和卸载后的形态测量。同时，要进行两次数据分析，一是对比卸载前后的数据，进行卸载前后钢拱的变形分析，确保支撑柱卸载后的安全性；二是分析卸载后的数据，为玻璃幕墙的安装及深化设计提供一个正确的结构形态体系的基准。

1. 控制测量

为了将实测空间位置与设计参数进行比较，需要将实测坐标纳入三维建筑设计坐标系。以施工控制网的一点坐标和一个方向作为起算数据，建立局部的精密三维控制网，为三维激光扫描测量与建模、安装测量、变形监测提供控制基准。控制网采用 Leica TDA5005 三坐标工业测量系统观测，设计制作了专用标志构件，使得球形棱镜相位中心与球状标志几何中心严格重合，偏心差不得超过 0.2mm。

控制点均匀覆盖天津西站施工北区、中区和南区所构成的整个测区，并布设用于和施工坐标进行坐标转换的公共点 6 个，实现三维控制网和施工坐标系坐标对接，如图 2-47 所示。经过测量和数据平差处理，结果表明：各控制点相对精度优于 1×10^{-8}，控制点点位误差小于 ±0.8mm。

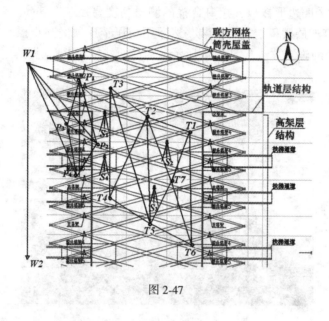

图 2-47

2. 外业扫描

扫描站点的选择与扫描精度相关，扫描前，测量人员对施工区周边环境及扫描对象进行现场踏勘分析，确定扫描站点的位置及数目，该项目要求尽量选在能看见多个对接口的地方，选定后对测站点进行编号，扫描时尽可能按照编号顺序进行。

本项目选定的扫描仪为徕卡（Leica）HDS6000 和 Scanstation Ⅱ，结合远近程扫描仪的特点及现场情况，下面端口采用近程扫描仪 HDS6000 进行扫描，上端口采用远程扫描仪 Scanstation Ⅱ 进行扫描。标靶点是数据配准的控制点，标靶点的几何形状和网形与配准精度密切相关，因此在现场要进行高密度扫描。根据项目组多年的经验，选择球形标志，设计制作了专用标志构件，以减小测量误差和配准误差。扫描密度的设置一般遵循数据应用精度和扫描效率兼顾的原则，根据经验，通常 60m 处点间距为 7mm 就可以满足需要，对精度要求比较高的钢拱接口，进行精细扫描。

3. 内业数据处理

扫描数据内业数据处理主要进行扫描数据配准、特征点提取和特征点检核等处理内容。

（1）扫描数据配准：是指在数据预处理过程中，将测站坐标系下的点云统一到一个独立坐标系中或参考坐标系中，这个过程通常也叫做拼站。通常相邻两点云数据的配准需要至少 3 个同名控制点（标靶点），通过控制点的强制符合，将相邻的扫描点云数据统一到同一坐标系中。该项目数据配准中，我们对提升后的钢结构点云配准运用点约束条件配准方法，而地面钢结构点云数据则采用了点、线、面综合约束条件进行配准，均取得了良好的效果。图 2-48 所示为点云配准的效果示意图。

图 2-48　点云配准效果

（2）特征点提取：为了分析钢结构上下接口的偏差，必须提取矩形接口四个角点（特征点）的坐标，该数据处理工作称为特征点的提取，提取流程如图 2-49 所示。

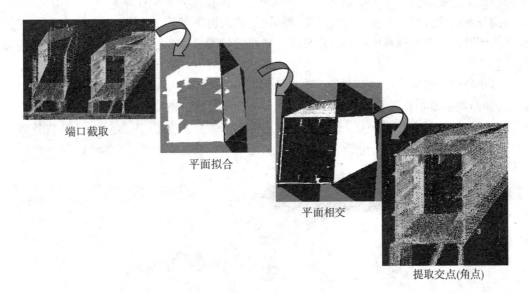

端口截取

平面拟合

平面相交

提取交点(角点)

图 2-49　端口外角点坐标提取流程图

钢结构端口点云的角点坐标在拟合提取后，即可提供精确的钢结构定位信息，在钢结构吊装前，工程技术人员根据所测数据，通过调节预应力索来控制拱结构的变形，使其与上端口位置一致，满足吊装焊接要求。点云数据拼接与端口测量结果检核结果如图 2-50 所示。

（3）特征点检核：为了检核特征点坐标提取的正确性，该项目采取全站仪直接测量比较分析法，即采用 Trimble VX 空间测站仪用免棱镜方式直接测量各角点坐标，将其与对应的特征点数据比较，其坐标差值均在 0~3mm 之间，满足该项目技术要求。

4. 安装与卸载变形监测

支撑结构卸载变形监测主要是对比网壳两侧支撑柱卸载前后网壳各处变形的变形情

图 2-50　点云数据拼接与端口测量结果检核

况，以分析确定钢结构变形是否在安全范围内。以卸载前钢结构的扫描数据作为基准，将不同期的扫描数据转换到基准坐标系中进行比较。该项目基准坐标系仍采用建筑坐标系。按照西站网壳钢结构施工进度安排，每一期网壳结构在提升焊接完毕后支撑结构卸载前，需对网壳钢结构进行一次全面扫描，支撑结构卸载后再进行一次全面扫描，将两次扫描数据转换到设计基准坐标系中进行对比分析，得出钢结构整体变形状况及主要变形区的细部状况。

对比分析一般采用点与面进行对比，具体流程为：（1）从两期点云中分割对应的点云数据；（2）对基准数据进行三角网构建（TIN），一般按照扫描步长构建三角网；（3）将点云投影到最近的三角形面片上，计算出其投影距离即为实际变形（图 2-51）；（4）将整体点云与对应构建的三角网进行分析，并用不同颜色来表示具体变形值（图 2-52）。

图 2-51　点云与三角网面对比分析

2.6.2.2　边坡变形监测

边坡工程稳定性问题是岩土工程的一项重要研究内容，涉及水电工程、铁道工程、公路工程、矿山工程等诸多领域。边坡变形监测是边坡工程施工的重要环节，能否由监测结

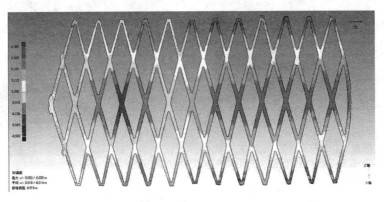

图 2-52　整体变形分析

果正确评价其稳定性，直接关系到建设资金的投入和人民生命财产安全。变形监测分为外部变形监测和内部变形监测，外部变形监测一般采用几何测量方法，内部变形监测主要采用应力监测方法。

经典的外部变形监测是通过监测点(特征点)的平面或高程位移，推估边坡的整体变形，观测方法多采用精密水准测量方法或 GNSS 定位技术。通过若干特征点来概况边坡的总体变形情况，无论是精度还是客观性，都存在一定的局限。同时，滑坡对监测人员的生命安全也会构成威胁。

采用三维激光扫描测量技术进行边坡监测，点云密度大、精度高，且无需接触被测物体，在边坡变形监测领域应用越来越广。

1. 监测方案设计

在边坡监测中，监测网的布设可以有两种：一种是将观测站与边坡所在区域的具有已知坐标的控制点进行联测，然后对边坡进行三维扫描(图 2-53(a))；另一种是建立独立坐标系，然后对边坡进行扫描(图 2-53(b))。图 2-53 中，S1 和 S2 是边坡区域的已知控制点；A1、A2 和 A3 为建立的观测点或控制点。两种方法都可利用全站仪进行导线测量，确定各个观测站的坐标，然后进行三维扫描。对于大型工程，边坡较多，形成一个边坡带(区)，则可利用区域内的控制点，建立变形监测网。这样可将各个边坡归纳到统一坐标系，数据精度高且比较经济。对于小型工程，边坡零散，则可对每个边坡建立独立坐标进行观测。但观测导线上至少要有 3 个点。

2. 控制点布设

边坡监测控制点应设置在边坡体的稳定地段上，由于大多数不稳定边坡在坡脚附近的地面有较大的侧向位移并向上隆起，因此控制点至少与坡脚相距一定距离；控制点间至少两点相互通视，以便三维激光扫描仪后视，便于多站扫描数据的拼接处理；由于三维激光扫描仪的扫描标准差随着距离增大而增大，因此尽量将扫描仪靠近扫描物体，以便精度最高。

3. 特征点标靶选择

三维激光扫描仪的标靶一般有两种：球状标靶和平面标靶，经过扫描拟合，可得到标靶中心点的坐标。在特征点上布设标靶，最终在整个扫描点云中提取出标靶的点云，进行拟合求的各个点的坐标，得出边坡特征点的位移情况。

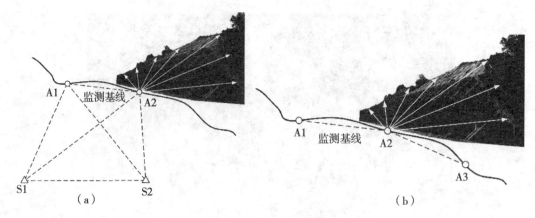

图 2-53 三维激光扫描在边坡监测控制网模式

当边坡原有的应力破坏，在重新平衡的过程中，必然在表面或边坡岩体中产生一系列的裂缝、压碎等。比如在坡顶产生平行于坡面的张性拉裂缝，在岩体内部进行蠕变，产生滑动控制面。因此，在对边坡特征点的选择上要考虑地质工程中的因素。

4. 数据处理

利用三维激光扫描仪数据采集完成后，进行数据后处理，将特征点提取和对坡面进行建模，通过不同时段的扫描数据，来提取出边坡变形数据。数据经过滤波后，对边坡上的特征点标靶进行提取拟合，然后获得标靶中心点的坐标。再通过不同时段的标靶坐标来计算出各点的水平位移与垂直沉降位移，反映出边坡表面的移动变形。

根据处理后的点云，建立数字高程模型（DEM）。由于不同时段扫描的基准相同，因此可将各个时段的 DEM 统一在同一个边坡三维模型中。通过对边坡不同位置的剖面、断面以及轮廓线等来反映各个时段的变化情况。

2.7   GNSS 监测技术

GNSS（全球导航卫星系统）是 global navigation satellite system 的简称，包括美国的GPS、俄罗斯的 GLONASS、欧盟的 Galileo 和我国的北斗系统。由于 GNSS 技术可以提供高精度的三维坐标信息，与传统的变形监测方法相比较，不仅精度高、速度快，而且可实现不同范围大小、全自动化、实时监测的目的。

2.7.1   GNSS 变形监测方法

2.7.1.1   GNSS 变形监测的作业模式

根据监测对象的特点，GNSS 变形监测有三种不同的作业和监测模式，即周期性重复测量、固定连续 GPS 测站阵列和实时动态监测。

周期性重复测量方式是最常用的。针对每一个周期测量监测点之间的相对位置，经过计算两个观测周期之间的位置变化来测定其变形。首先依据某期（一般选用首期）GNSS 测量中变形测点及基准点上的观测资料进行相对定位，进而求得变形监测点的三维坐标

$(X_0，Y_0，Z_0)$，并将其作为变形监测中的参考标准。然后采用类似方法进行定期或不定的复测，若第i期复测求得的变形监测点的坐标为$(X_i，Y_i，Z_i)$，则可根据坐标差$(\Delta X，\Delta Y，\Delta Z)$来确定监测点的变形量。

固定连续 GNSS 测站阵列方式是在选择重点和关键地区(如地震活跃区、滑坡危险地段)或敏感工程筑物(如大坝)布设永久 GNSS 观测站，在这些测站上连续观测，并进行数据处理。这种监测方式广泛应用在许多大型研究对象中，如大坝变形及监测滑坡的稳定性等。由于研究的均为缓慢变形，因此在数据处理时，几分钟甚至几十分钟的观测数据可作为一组，用静态相对定位方式处理。

实时动态监测方式是实时监测工程对象的动态变形，如大桥在荷载作用下的快速变形。这种测量方式的特点是采样密度高，例如每秒钟采样一次，而且要计算每个历元的位置。数据处理主要采用运动中载波相位模糊度解法(OTF, On-The-Fly)，观测开始后，有几分钟的初始化过程，即用几分钟观测数据解算整周模糊度，然后用已求得的整周模糊度计算每一历元接收机的位置，从而分析监测对象的变形特征。

2.7.1.2 GNSS 变形监测的特点

GNSS 定位技术用于变形监测的优点是：监测站间无需保持通视，可测定监测点的三维位移，全天候观测，易于实现监测自动化，可直接用大地高进行垂直变形测量等。但同时也存在一些不足，如点位选择自由度较低、函数关系过于复杂、误差源较多等。

2.7.1.3 GNSS 变形监测网的技术设计

1. GNSS 变形监测网的基准设计

GNSS 变形监测网的基准设计包括位置基准、方位基准和尺度基准的设计。GNSS 相对定位用于地面变形监测中，解算出的基线向量是属于 WGS-84 坐标系的坐标差，实际需要的点位坐标可以是 WGS-84 坐标系的坐标，也可以是国家坐标系或地方独立坐标系的坐标。所以在 GNSS 变形监测网的基准设计时，必须明确 GNSS 成果所采用的坐标系统和起算数据，即明确 GNSS 变形监测网所采用的基准。

GNSS 测量的结果是三维坐标，位置基准有 3 个，方位基准有 3 个，尺度基准有 1 个。如果以固定的基准点作为 GNSS 变形监测网的起算数据，则在基准设计时，至少应该选择 3 个稳定的基准点。为了增加变形监测的可靠性，则应该选择 4~5 个稳定的基准点。

对于 GNSS 变形监测网坐标系的选择，如果选择 WGS-84 坐标系，在进行 GNSS 网设计时，最好能联测附近的高精度的国家 GNSS 控制点。如果附近没有国家 GNSS 控制点，则对每期的 GNSS 观测结果进行数据处理时都应以第一期的基准点坐标为基准。如果选择国家坐标系或地方独立坐标系，则基准点应同时具有国家坐标系或独立坐标系的坐标值，以便将 GNSS 观测结果进行坐标转换。GNSS 测得的高程为大地高，在地面沉降监测中可以按大地高进行变形分析。

GNSS 变形监测网的位置基准取决于网中"起算点"的坐标和平差方法。确定监测网的基准一般采用下列方法：(1)选取网中一个点的坐标并加以固定或给予适当的权；(2)网中各点坐标均不固定，通过自由网伪逆平差或拟稳平差确定网的位置基准；(3)在网中选取若干个点的坐标并加以固定或给予适当的权。

采用前两种方法进行 GNSS 网平差时，对网的定向和尺度都没有影响。在进行同精度观测的情况下，网中各基线向量的精度仍保持相同，网中各点的位置精度将随着离"起算点"的远近及图形结构的不同而互不相同。由于在网平差中没有给出多余的约束条件，而成为独立网。采用第三种方法进行网平差时，在确定网的位置基准的同时也会对网的方向和尺度产生影响，由于给出的起算数据多于必要的起算数据数，故称其为附合网。

GNSS 所测得的基线作为尺度基准。方位基准一般是由网中的起始方位角来提供的，也可由 GNSS 网中的各基线向量共同来提供。利用旧网中的若干控制点作为 GNSS 网中的已知点进行附合网平差时，方位基准将由这些已知点间的方位角提供。

2. GNSS 变形监测网形设计

根据不同的精度要求，GNSS 变形监测网的网形布设通常有点连接、边连接及边点混合连接等几种基本方式。在观测时，由 3 台或 3 台以上接收机同步观测获得的基线向量构成同步环。

为使平差后具有较好的精度和可靠性，在选择平差网形的时候，应遵循以下原则：

(1)平差网应由尽可能多的闭合图形组成。为此，应先用网中边缘上的独立基线把各边界点连接起来，形成一个大的封闭环，避免支点的出现，也能保证组成尽可能多的闭合图形。

(2)平差网形中的各基线向量应由精度高的独立基线组成。在选择独立基线时：每条基线两次设站独立观测的所谓"重复观测基线的精度"应符合限差要求，并尽量选最好的；异步环中三个坐标分量的闭合差及环线全长相对闭合差都应符合限差要求，并应是精度最好的；保证相邻异步环闭合差达到最佳配合；平差网基准点即固定点的坐标精度越高越好。

(3)网中所有闭合图形中坐标分量闭合差应该最小。基线向量网平差网形的优选并非一次就能做好，应经过几次实验，通过比较后才能逐渐确定。

3. 观测时段和周期的设计

针对观测时段和周期，可结合影响变形监测的因素进行分析，以此确定有利于监测目的和成果分析的最佳观测周期。而且可以结合各点的地形情况、多路径效应、卫星分布状况等，对观测时间、时段的长短、气象因素等进行各种分析，通过实验，得出最佳的观测时段以及能够满足精度要求的最短观测时间。

2.7.1.4　GNSS 监测控制网的质量控制

GNSS 变形监测网是建立监测基准与工作基点的主要方法之一，高质量的监测控制网可以准确地监测变形体的变形。由于监测网的主要作用在于发现变形，因此它是变形监测与分析的基础，如果监测网布设不合理、观测精度不高，控制网不能有效发现粗差、抵抗粗差，就不可能灵敏地检查出异常信号，也就无法满足安全监测的需要。在 GNSS 变形监测中，对观测的时间、环境、技术条件等很难改变；相反，改变 GNSS 控制网的网形结构则比较容易，因此研究 GNSS 控制网的网形结构，有助于优化其控制网的布置，提高整个控制网的监测质量。

GNSS 控制网的质量可以从精度、可靠性、灵敏度、费用四个方面考虑，不同用途的网对不同的质量指标有所侧重。对于 GNSS 变形监测网，灵敏度是需要考虑的重要指标之一。

1. 精度指标

GNSS 控制网的精度描述随机误差对控制网结果的影响程度。一般用未知参数的方差或协方差来描述。根据 GNSS 控制网的平差模型：

$$V_{3m\times 1} = A_{3m\times t}\hat{x}_{t\times 1} - l_{3m\times 1}, \quad D_{ll} = \sigma_0^2 P^{-1} \tag{2-61}$$

式中，l，V 为观测向量与残差（改正数）向量；$\hat{x}$ 为坐标未知参数向量；P 为观测值的权阵；σ_0^2 为先验方差因子；A 为误差方程系数矩阵，与基线数、基线的连接形式有关；D_{ll} 为观测值的方差-协方差矩阵。

在最小二乘原则下：

$$x = (A^{\mathrm{T}}PA)^{-1}A^{\mathrm{T}}Pl, \quad Q_{\hat{x}} = (A^{\mathrm{T}}PA)^{-1} \tag{2-62}$$

式中，$Q_{\hat{x}}$ 为坐标协因数阵。

精度常用坐标方差协方差阵或协因数阵的纯量形式来描述，如 A 最优标准，取方差协方差阵或协因数阵的迹最小；E 最优，取方差协方差阵或协因数阵的最大特征值最小。

由式（2-54）可见，GNSS 控制网的精度与控制点的坐标无关，与控制网的基线数、基线的连接形式、基线本身的精度有关，因此要使 GNSS 控制网达到一定的精度要求，必须优化基线数及基线的连接形式。

2. 可靠性指标

GNSS 基线向量由于周跳修补不完善、整周模糊度参数搜索效果不佳等原因，难免会含有粗差，因此控制网的结构必须具有抵抗粗差的能力。GNSS 控制网的可靠性指标是描述控制网本身发现某一模型误差能力与抵抗某一模型误差影响能力的指标。

GNSS 控制网一般同一个时段的基线向量之间相关，不同时段的基线向量之间不相关，同一基线的 3 个坐标差分量又是相关的。这种相关性使粗差测值对其他观测量的影响作用增大，粗差的隐蔽性也更强。因此，在 GNSS 控制网的粗差探测和处理时，必须考虑观测量之间的相关性，这使得其控制网的可靠性分析在很大程度上不同于常规网。

对于第 i 条基线，其多余观测分量可写为 3×3 阶的矩阵为

$$R_i = (Q_{v_{ii}}P_i) = \begin{bmatrix} R_{\Delta x_i \Delta x_i} & R_{\Delta x_i \Delta y_i} & R_{\Delta x_i \Delta z_i} \\ R_{\Delta y_i \Delta x_i} & R_{\Delta y_i \Delta y_i} & R_{\Delta y_i \Delta z_i} \\ R_{\Delta z_i \Delta x_i} & R_{\Delta z_i \Delta y_i} & R_{\Delta z_i \Delta z_i} \end{bmatrix} \tag{2-63}$$

R_i 的 3 个主对角线上元素的大小分别反映了基线 i 的 3 个坐标差分量的误差或粗差作用于各自坐标改正数的程度，其值愈大，则粗差愈容易被发现。而 R_i 中的非主对角元素的大小则反映某一坐标分量的粗差作用于该基线另一坐标分量改正数的影响大小。依据 GNSS 观测基线多余观测分量的这一特性，同时考虑到多余观测分量在内、外可靠性中起到的作用，也为了研究问题的方便，取 R_i 阵 3 个行向量的二范数平均后，定义一条基线的多余观测分量值代表该基线向量的可靠性：

$$r_{L_i} = \frac{1}{3}\Big[\Big(\sum_{K=\Delta X}^{\Delta Z} R_{\Delta XK}^2\Big)^{\frac{1}{2}} + \Big(\sum_{K=\Delta X}^{\Delta Z} R_{\Delta YK}^2\Big)^{\frac{1}{2}} + \Big(\sum_{K=\Delta X}^{\Delta Z} R_{\Delta ZK}^2\Big)^{\frac{1}{2}}\Big] \tag{2-64}$$

3. 灵敏度指标

在 GNSS 变形监测网设计中，灵敏度是一个很重要的质量指标，反映了监测网可监测到的最小变形值及其方向。设监测网经过两期观测后，通过基准变换可得到公共点在同一基准下的变形向量 $\hat{d}$ 及其协议书阵 $Q_{\hat{d}\hat{d}}$，即：

$$\hat{d} = \hat{X}_{II} - \hat{X}_{I}, \qquad Q_{\hat{d}\hat{d}} = (Q_{\hat{X}_{II}\hat{X}_{II}} + Q_{\hat{X}_{I}\hat{X}_{I}}) \qquad (2\text{-}65)$$

H_0：$E(\hat{d}) = 0$，表示网点没有显著位移，基准网稳定；H_1：$E(\hat{d}) \neq 0$，表示网中至少有一点发生显著位移。建立统计量：

$$t = \frac{\hat{d}^{\mathrm{T}} Q_{\hat{d}\hat{d}}^{+} \hat{d}}{hs^2} \sim F(h, f), \quad h = \mathrm{rank}(Q_{\hat{d}\hat{d}}^{+}), \quad f = u - h, \quad s^2 = \frac{s_1^2 f_1 + s_2^2 f_2}{f_1 + f_2} \qquad (2\text{-}66)$$

式中，u 为未知数的个数；s^2 为两期的综合单位权方差。

对于 GNSS 控制网，$h = 2p - 7$，$f = 7$，p 为网点数。若 $t > F_\alpha(h, f)$（其中，α 为显著水平），则说明网中至少有一点发生显著位移。

在进行 GNSS 控制网的设计时，往往并不知道单位权方差及其协因数阵，这时可用先验单位权方差 σ_0^2 代替，统计量变为

$$t = \frac{\hat{d}^{\mathrm{T}} Q_{\hat{d}\hat{d}}^{+} \hat{d}}{h\sigma_0^2} \sim F(h, \infty) \qquad (2\text{-}67)$$

若接受备选假设，则：

$$E(\hat{d}) = dA \neq 0 \qquad (2\text{-}68)$$

t 服从非中心 F 分布，非中心参数为

$$w_A = \frac{\hat{d}^{\mathrm{T}} Q_{\hat{d}\hat{d}}^{+} \hat{d}}{\sigma_0^2} \qquad (2\text{-}69)$$

在给定的显著水平 α、检验功效 γ 下，可根据自由度查巴尔达的诺谟图，得到非中心参数的下界值 w_0。w_0 为显著水平 α、检验功效 γ 和自由度 h 的复杂函数，即

$$w_0 = f(h, \infty, \alpha, \gamma) \qquad (2\text{-}70)$$

当 w_A 大于 w_0 时，与 w_A 对应的变形可以被检测出来，否则将不能被检测出来。为此，定义 w_0 所对应的变形量为灵敏度。

一般设 $\hat{d} = ag$，g 为单位化的向量，a 为变形大小。设与 w_0 对应的速度比例因子为

$$a_0 = \sigma_0 \sqrt{\frac{w_0}{g^{\mathrm{T}} Q_{\hat{d}\hat{d}}^{+} g}} \qquad (2\text{-}71)$$

式中，a_0 称为 GNSS 变形监测网的灵敏度。变形量大于 a_0 的，即可在给定的显著水平 α、检验功效 γ 下拒绝 H_0，接受 H_1，即可以被发现；反之，变形量小于 a_0 的，在给定的显著水平 α、检验功效 γ 下接受 H_0，则变形不能被发现。

4. 费用指标

GNSS 变形监测网与常规变形监测网一样，需要多期观测，因此费用标准也是 GNSS 变形监测网考虑的重点之一。GNSS 变形监测网的费用主要取决于网点数、仪器数、所测基线数以及测区交通条件等。其中，所测基线数是最主要的，因此 GNSS 变形监测网的观测成本可用下式描述：

$$s = \sum f_i \delta_i, \qquad \delta_i = \begin{cases} 1, & 观测 \\ 0, & 不观测 \end{cases} \qquad (2\text{-}72)$$

2.7.2 GNSS 技术在变形监测中的应用

2.7.2.1 超高层建筑垂直传递——迪拜哈利法塔

迪拜哈利法塔为世界第一高楼(828m),地处中东沙漠地带,沙尘多、温差大(2~54℃),其施工测量面临许多技术难题:(1)当温度每变化10℃,塔楼混凝土顶部将每隔6小时偏移高达150mm,即该楼层每小时将发生25mm的偏移;(2)塔吊、风和日照等都会引起结构变形,使得塔楼产生比较严重的倾斜和晃动;(3)为加快施工速度,采用液压自动爬升模板系统施工,无法采用内控法进行垂准测量。因此需要开发出一套测量系统,能够有效消除环境对施工测量精度的影响。

对于超高层建筑物(如哈利法塔)的位移和结构变形可以归纳为以下三个方面:

1. 长周期位移

此类因素对超高层建筑物产生位移的周期为1周到6个月。

(1)非均匀地基沉降:随着地基负载增加,地基将会持续的沉降。如果地基沉降为非均匀,相应的高塔结构将会产生倾斜。

(2)结构负载形变:随着结构安装的进行,超高层建筑物的中心将承受更大的负载,由此产生的变形可能会影响结构的垂直性。

(3)结构安装次序:每层结构的安装以5~7天为一个周期,会使建筑物中心产生相对垂轴方向的偏差,并且有可能导致主体结构产生相应的位移。

(4)建筑设计:建筑的设计由于不同的层受到不同的风力影响,随着建筑层数的增加,建筑物中心将会产生位移,并且建筑物最终的位置与设计的理论值会在垂轴方向产生偏差。

(5)混凝土膨胀与收缩:超高层建筑物长期不同程度的膨胀与收缩,可能导致其中心在较长周期内产生位移。偏移量的大小依赖于不同层上不同的收缩程度。

2. 周日位移

此类因素对超高层建筑物产生位移的周期为24小时,主要是日光影响。建筑物混凝土暴露在日光下的一面相对于它的另外一面就会膨胀,会导致建筑物在太阳照射下产生位移。

3. 动态位移

某些因素对超高层建筑物产生位移的周期为10秒到15分钟。这些位移的产生是由于建筑物对风力和起重机的压力产生的共振。高塔上压力以及其他作用力会使它从理论的垂轴方向产生位移,并且建筑物的共振将使它在此偏移位置产生震荡。因此测量系统就需要设计得能够容许这些震荡,并且使得建筑物在先前的高度上能够继续建造。

哈利法塔在20层以下,采用了外控法进行平面控制网的垂直传递。随着楼层升高,塔楼受到诸多因素影响而产生的偏移越来越显著,20层以后,通视条件的恶化使得外控法的使用效果越来越差,为此,测量工程技术人员探索采用了GPS定位与高精度仪器测斜相结合确定施工控制点的精确空间位置,为施工提供统一的测量放样基准。其原理为:首先运用GPS确定测量控制点的空间位置,同时利用测斜仪确定塔楼变形情况,然后根据测斜仪反映的结构变形情况修正控制点的GPS测量结果,最终得到测量控制点的基准空间坐标,用于施工放样。

测量系统由定位测量子系统和倾斜测量子系统组成。两大子系统通过网络形成整体,实现系统功能,如图2-54所示。

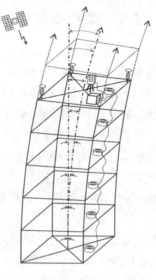

图 2-54　哈利法塔及 GNSS 监测系统概念图

　　定位测量子系统由 GPS 基准站、GPS 接收器和带圆形棱镜的天线以及全站仪组成，如图 2-55 所示。该系统最少由 3 个 GPS 接收器组成，一般安装在模板顶层的固定高杆上。倾斜式圆形棱镜安装在各天线的下面，全站仪(TPS)安装在混凝土楼层上且能看到所有的 GPS 测量站。GPS 与 TPS 的组合构成了"定位测量子系统"。

（a）定位测量子系统

（b）GPS动态控制点

（c）连续工作站

图 2-55

GPS 定位采用静态模式，需要接收和记录卫星信号 1 个小时左右。与此同时，使用 TPS 仪器测量安装在 GPS 天线下的棱镜的角度和距离。然后，再用 TPS 测量设置在新浇混凝土上的参照点，这些参照点用于控制模板安装位置。在观测完成后，数据反馈至办公室进行处理。运用最小二乘后方交会法确定 TPS 的位置。最后，根据 TPS 坐标得出所有测量参照点的坐标，为模板安装定位等提供测量依据。

倾斜测量子系统由 NIVEL200 双轴高精度倾斜仪、网络系统及 Leica GeoMoS 软件组成。NIVEL200 双轴高精度倾斜仪的绝对测量精度达±0.2 弧分。倾斜仪随结构施工逐步布设，在每隔约 20 层楼的高度上设置总共 8 个高精度倾斜仪。倾斜仪安装在核心筒剪力墙的中心位置，以防干扰破坏。倾斜仪安装完成后，根据该楼层的测量参照点进行校正，以便观测楼层与桩基的垂直情况。倾斜仪通过 RS-485 信号总线与安装在测量监控室计算机上的 LAN 网线接口连接 GeoMoS 软件，组成倾斜测量子系统，如图 2-56 所示。GeoMoS 软件由监测器和分析器两个部分组成。监测器是一个在线的工作软件，主要负责传感器的控制、数据的收集以及事件的管理。分析器是一个分体式的软件，主要用于测量数据的分析、可视化和后处理。倾斜测量子系统对结构的倾斜情况进行连续的实时测量，记录各楼层上仪器的数据，输出大楼与垂直轴线偏移的 X 轴和 Y 轴值。对偏移的预测分析完毕后，修正 GPS 定位测量得到的 TPS 和参照点的坐标，安装在模板顶层的测量系统便开始为大楼的施工发送精确的定位信息。

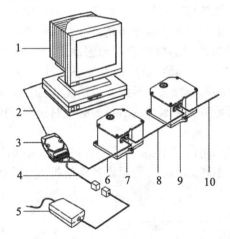

1—计算机；2—计算机与转换器连接电缆；3—RS232/RS485 总线转换器；
4—Lemo1（阴极）与转换器连接电缆；5—电源；6—转换器与 Lemo0（阳极）连接电缆；
7—NIVEL220 RS485；8—电缆；9—NIVEL220 RS485；10—电缆
图 2-56　倾斜测量子系统

工程实践表明，该系统能够连续为模板安装定位提供测量基准，定位精度达到 15mm。该测量系统还可以识别塔楼任何方向超过 20mm 的长期偏移。该测量系统不仅具有测量效率高、累积误差小等优点，而且能够准确确定和有效消除环境对施工测量精度的影响，因此可以实现全天候测量，为加快施工速度创造了良好条件。

2.7.2.2　GNSS 桥梁变形监测系统——东海大桥

连接上海浦东区与浙江省嵊泗县的东海大桥为全长 31km 的曲线桥梁，其中跨海段 25km，如图 2-57 所示。大桥包含主航道斜拉桥和颗珠山斜拉桥，主航道桥全长 830m，主跨 420m，颗珠山桥全长 610m，主跨 332m。

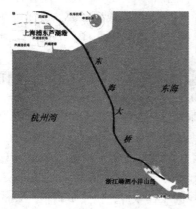

图 2-57 东海大桥

　　东海大桥的施工包括很多大跨径钢梁结构，大跨度的主通航孔、辅通航孔以及两座斜拉索桥的主跨都是大跨度结构。这些钢梁结构不管是在施工过程中还是在运营管理过程中，都存在变形。随着大桥跨度的增大，加劲梁的高跨比越来越小，安全系数也随之下降，对外界波动荷载的敏感性越强，在特殊气候条件下会产生桥梁过大的摆动位移。在这种情况下，车辆无法在桥上正常行驶，甚至可能发生危险。为了保证桥梁运营的安全性，就要在恶劣天气情况下及时对桥梁的位移摆动和振动进行实时监测，并及时做出分析判断，指挥桥梁的运营或关闭，从而避免危险的发生。另外，东海大桥自身荷载巨大，受风、温度、潮汐等自然因素的影响很大，导致受力情况非常复杂。为确保特大型桥梁在使用寿命期内的安全运营，避免造成灾难性的后果，必须对这些桥梁的运行状况进行长期的监测。如图 2-58 所示。

　　由于主航道桥距离两岸均超过了 10km，唯一合适架设基准站的位置在大乌龟岛，基准站距离主航道斜拉桥直线距离为 9km，而距离颗珠山桥直线距离约 2km。8 个监测站分

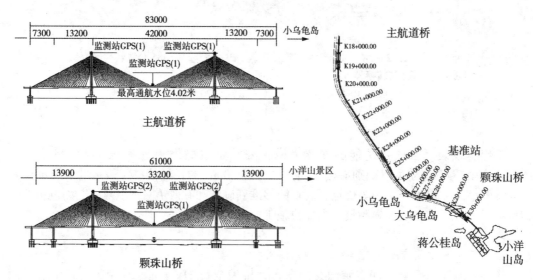

图 2-58 监测点与基准站分布图

别架设在两座斜拉桥上。其中，主航道桥 3 个监测站，2 个桥塔顶各设 1 个，跨中桥面设 1 个；颗珠山桥设 5 个监测站，4 个塔顶各设 1 个，跨中桥面设 1 个。

监测系统采用的 GPS 接收机为 Trimble 5700，GPS 天线为 Trimble Zephyr 大地测量型天线，接收机和天线安装时既要考虑避免遮挡，又要防止雷击。每个 GPS 天线接收到的射频信号通过一根最长为 170m 的同轴电缆送给 GPS 接收机。Trimble 5700 双频大地测量型 GPS 接收机共有 3 个输入输出端口，其中串口 2 既能用于外接电源供电，又能输出最高更新率为 10Hz 的 RT17 格式的原始数据，其中包括 C/A 码和 L1、L2 的载波相位。串口服务器收到端口 2 输出的数据后，再通过 RJ45 口接入机柜中的交换机。

由于东海大桥全长 31km，无线电数据传输方法无法保证数据传输的质量，不能满足大桥监测的要求，故采用了光纤数据通信方案。

如图 2-59 所示，基准站和监测站通过串口 2 输出数据，串行数据通过串口服务器和光电转换器连接到光纤通讯环网上，然后送给 GPS 服务器。GPS 服务器完成差分解算，

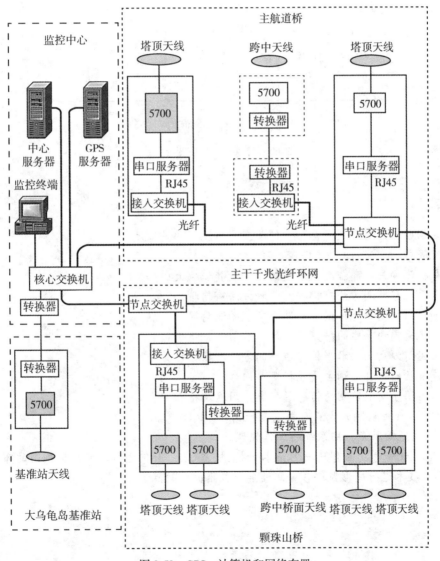

图 2-59　GPS、计算机和网络布置

再将差分结果保存到中心服务器，同时，GPS服务器的处理结果也送给监控计算机。东海大桥形变监测软件采用C/S架构设计，9台GPS接收机的原始数据通过网络发送给GPS服务器，服务器软件对其进行实时差分解算，另外，还实现图形显示、数据存储、报警、远程服务等功能。系统支持多个客户端，客户端的实时定位结果从GPS服务器直接获得，历史数据查询通过中心服务器实现。图2-60为东海大桥台风期间的桥塔变形曲线。

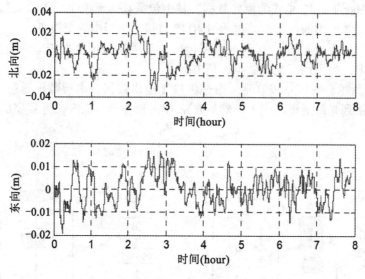

图 2-60   台风期间桥塔变形曲线

☞ **思考题**

1. 变形监测网有哪几种类型？何为变形监测网的灵敏度？

2. 沉降监测方法有哪几种？各有何特点？

3. 分析影响三角高程测量精度的因素及其影响大小。

4. 水平位移监测方法有哪些？各种方法有何特点？

5. 如何根据变形允许误差推算小角法的测角误差？

6. 简述无定向导线的平差计算过程。

7. 简述前方交会法水平位移监测的方法及数据计算。

8. 建筑物的内部监测主要包括哪些内容？

9. 简述用于变形监测的传感器种类、用途及特点。

10. GNSS变形监测的优点及缺点是什么？

11. 简述地面激光扫描系统的工作原理。

12. 地面沉降易发区有一段2km长的桥梁，试想：如何进行其变形监测网的布设？可利用哪几种技术进行变形监测？并陈述各种技术的优缺点。

第3章　监测数据处理

通过对变形监测数据的处理与分析，获得建（构）筑物的变形信息，是变形监测工作的一项重要技术环节。监测网由基准点、工作基点和监测点组成，其中基准点和工作基点构成监测基准网。变形监测数据处理与分析主要包括两方面的内容：通过对基准网的处理，分析基准点、工作基点的稳定性；通过对监测点数据建模，分析监测点的变化规律，对监测体的变形进行预测与控制。

基准网监测数据处理的首要问题是变形的基准点的稳定性问题。监测网数据处理采用经典平差、秩亏自由网、拟稳平差的方法进行处理，并根据多期平差结果，采用模型分析监测网点的稳定性。德国 H. Pelzer（1971 年）提出以方差分析进行整体检验为基础的平均间隙法，该方法利用两周期观测值之差计算的单位权方差与两周期观测值所求的综合单位权方差，采用假设检验的方法来判断基准点的稳定性。

监测体变形的原因复杂多样，难以应用确定性的模型描述，对于监测点分析，一般采用数理统计的方法，通过对监测点数学建模，分析变形量与各种因素作用的关系。目前变形分析常用模型有回归分析模型、时间序列分析模型、灰关联分析模型等。

采用回归分析法通过分析变形量和外因之间的相关关系，建立变形分析模型。回归模型建立之后，应采用假设检验的方法对模型的有效性进行检验和分析。对于动态变形获得的时序数据，采用时间序列分析模型进行分析，当变形数据呈等间隔时，可以采用灰色建模方法进行分析。

3.1　变形监测基准网数据处理

3.1.1　秩亏自由网平差基准与求解

测量平差基准就是平差的起算数据，监测网平差可根据不同情况采用经典自由网、秩亏自由网、拟稳平差等方法。对于监测网在第一次平差处理之前，不确定哪些点稳定，哪些点不稳定。因此，要在平差数据处理之前要选定起算数据，也就是选定平差的基准。

假如控制网中没有一个稳定点，平差处理时，将所有点进行约束，平差前后控制网的重心坐标不变，采用的基准形式称为重心基准。具有重心基准的平差模型称为秩亏自由网平差。

秩亏自由网平差选取所有点的坐标值为未知数。假设基准网中有 m 个点，观测量个数为 n 个，必要观测量个数为 t，未知数个数为 u。监测网平差可以按附有基准约束的间接平差方法处理，根据不同的情况确定基准方程的系数，其误差方程为

$$\underset{n\times1}{V} = \underset{n\times u}{B}\,\underset{u\times1}{\hat{X}} - \underset{n\times1}{l} \tag{3-1}$$

式中，系数矩阵 B 的秩为 $r(B) = t < u$，未知数个数大于必要观测数据的个数，系数矩阵 B 是非列满秩矩阵，未知数之间不独立，按常规的解法法方程秩亏，没有唯一解。为求得

参数的唯一解，附加基准方程

$$S^{\mathrm{T}} P_x \hat{X} = 0 \tag{3-2}$$

式中，S 为基准方程系数，P_x 为基准的权，一般可以设为等权。而且有

$$r(S) = d \tag{3-3}$$

$$d = u - t \tag{3-4}$$

式中，d 为秩亏数，等同于控制网平差中必要起算数据个数。

控制网类型不同，基准方程系数 S 形式也不同，水准网、测角网、边角网和 GNSS 网四种典型控制网秩亏自由网平差时，基准方程的系数如下：

水准网

$$\mathop{S^{\mathrm{T}}}_{1 \times m} = (1 \quad 1 \quad \cdots \quad 1) \tag{3-5}$$

三角网

$$\mathop{S^{\mathrm{T}}}_{4 \times 2m} = \begin{bmatrix} 1 & 0 & 1 & 0 & \cdots & 1 & 0 \\ 0 & 1 & 0 & 1 & \cdots & 0 & 1 \\ -y_1^0 & x_1^0 & -y_2^0 & x_2^0 & \cdots & -y_m^0 & x_m^0 \\ x_1^0 & y_1^0 & x_2^0 & -y_2^0 & \cdots & x_m^0 & -y_m^0 \end{bmatrix} \tag{3-6}$$

边角网

$$\mathop{S^{\mathrm{T}}}_{3 \times 2m} = \begin{bmatrix} 1 & 0 & 1 & 0 & \cdots & 1 & 0 \\ 0 & 1 & 0 & 1 & \cdots & 0 & 1 \\ -y_1^0 & x_1^0 & -y_2^0 & x_2^0 & \cdots & -y_m^0 & x_m^0 \end{bmatrix} \tag{3-7}$$

GNSS 网

$$\mathop{S^{\mathrm{T}}}_{3 \times 3m} = \begin{bmatrix} 1 & 0 & 0 & 1 & 0 & 0 & \cdots & 1 & 0 & 0 \\ 0 & 1 & 0 & 0 & 1 & 0 & \cdots & 0 & 1 & 0 \\ 0 & 0 & 1 & 0 & 0 & 1 & \cdots & 0 & 0 & 1 \end{bmatrix} \tag{3-8}$$

误差方程(3-1)和基准方程(3-2)构成平差的函数模型

$$\left. \begin{array}{l} \mathop{V}_{n \times 1} = \mathop{B}_{n \times u} \mathop{\hat{X}}_{u \times 1} - \mathop{l}_{n \times 1} \\ \mathop{S^{\mathrm{T}}}_{d \times u} \mathop{\hat{X}}_{u \times 1} = 0 \end{array} \right\} \tag{3-9}$$

随机模型

$$D_\Delta = \sigma_0^2 Q = \sigma_0^2 P^{-1} \tag{3-10}$$

按最小二乘准则 $V^{\mathrm{T}} P V = \min$ 求解，可得法方程

$$B^{\mathrm{T}} P B \hat{X} = B^{\mathrm{T}} P l \tag{3-11}$$

因为 $r(B^{\mathrm{T}} P B) = t < u$，上式没有唯一解，将基准方程(3-2)右乘 $S^{\mathrm{T}} P$，并与上式相加，可得

$$(B^{\mathrm{T}} P B + P_x S S^{\mathrm{T}} P_x) \hat{X} = B^{\mathrm{T}} P l \tag{3-12}$$

显然，$r(B^{\mathrm{T}} P B + P_x S S^{\mathrm{T}} P_x) = u$，矩阵 $(B^{\mathrm{T}} P B + P_x S S^{\mathrm{T}} P_x)$ 为满秩方阵，未知参数最小二乘解为

$$\hat{X} = (B^{\mathrm{T}} P B + P_x S S^{\mathrm{T}} P_x)^{-1} B^{\mathrm{T}} P l = Q_p W \tag{3-13}$$

式中，$W = B^{\mathrm{T}} P l$，$Q_p = (B^{\mathrm{T}} P B + P_x S S^{\mathrm{T}} P_x)^{-1}$。

参数的协因数阵

$$Q_{\hat{X}\hat{X}} = Q_p N Q_p = Q_p - Q_p P_x SS^T P_x Q_P \qquad (3-14)$$

单位权方差

$$\hat{\sigma}_0^2 = \frac{V^T P V}{n - r(B)} \qquad (3-15)$$

3.1.2 拟稳平差

拟稳平差的思想是基准网部分控制点相对稳定，平差时考虑这一实际情况，将控制点区别对待。具体做法是将控制网中的所有点作为未知数，同时将未知数分为相对稳定的未知数 $\hat{X}_1$、不稳定未知数 $\hat{X}_2$ 两类，对相对稳定的未知数 $\hat{X}_1$ 进行约束。平差采用的基准为拟稳基准。拟稳平差的几何意义：使相对稳定的未知数拟合于它们的初值。平差前后，拟稳点的重心坐标不变。拟稳平差误差方程为

$$\underset{n\times1}{V} = \underset{n\times u}{B}\ \underset{u\times1}{\hat{X}} - \underset{n\times1}{l} = \begin{bmatrix} B_1 & B_2 \end{bmatrix} \begin{bmatrix} \hat{X}_1 \\ \hat{X}_2 \end{bmatrix} - l \qquad (3-16)$$

基准方程

$$\underset{d\times u}{S^T} = \begin{pmatrix} S_1^T & S_2^T \\ {}_{d\times u1} & {}_{d\times u2} \end{pmatrix}, \qquad S_1^T \hat{X}_1 = 0, \qquad u_1 > d \qquad (3-17)$$

基准权

$$P_x = \begin{pmatrix} \underset{u1\times u1}{I} & O \\ O & \underset{u2\times u2}{O} \end{pmatrix} \qquad (3-18)$$

未知数最小二乘解

$$\hat{X} = Q_r W = (N + P_x SS^T P_x)^{-1} W \qquad (3-19)$$

式中，$S = (S_1^T \quad 0)$，$Q_r = (N + P_x SS^T P_x)^{-1}$。

未知数协因数阵

$$Q_{\hat{x}_r} = Q_r - Q_r P_x SS^T P_x Q_r \qquad (3-20)$$

单位权方差

$$\hat{\sigma}_0^2 = \frac{V^T P V}{n - r(B)} \qquad (3-21)$$

在拟稳平差中，拟稳点的个数通过系数矩阵来体现，比如在水准网中有 u 个未知数，拟稳点的个数为 t_1 个，那么基准方程系数 S 的形式为

$$\underset{1\times m}{S^T} = \begin{bmatrix} \underbrace{1 \quad \cdots \quad 1}_{t_1} & \underbrace{0 \quad \cdots \quad 0}_{u-t_1} \end{bmatrix} \qquad (3-22)$$

3.1.3 经典自由网平差

经典自由网具有必要起算数据，未知数的个数选取必要观测值个数 t 个，其误差方程为

$$\underset{n\times1}{V} = \underset{n\times t}{B}\ \underset{t\times1}{\hat{X}} = \underset{n\times1}{l} \qquad (3-23)$$

式中，$r(B) = t$，既系数矩阵 B 为列满秩矩阵。

法方程

$$B^T P B \hat{X} = B^T P l \qquad (3\text{-}24)$$

参数最小二乘解

$$\hat{X} = N^{-1} B^T P l \qquad (3\text{-}25)$$

单位权方差

$$\hat{\sigma}_0^2 = \frac{V^T P V}{n - t} \qquad (3\text{-}26)$$

经典自由网平差也可以采用附有基准约束的间接平差方法求解。选取所有点坐标为未知数，附加基准约束条件，将基准方程的系数 S 做相应的变化即可。比如在一个水准网平差中，已知一个起算点，平差时选取所有点坐标为未知数，其中第 1 点为已知点，那么系数矩阵的形式为

$$\underset{1 \times m}{S^T} = \begin{bmatrix} \underset{1}{1} & \underbrace{0 \quad \cdots \quad 0}_{t} \end{bmatrix} \qquad (3\text{-}27)$$

将所得参数按最小二乘求解，和经典平差方法所得结果相同。

3.1.4 GNSS 监测网分析案例

某工程 GNSS 监测网，两期观测值相隔一年，基线解算采用 Gamit 软件处理，基线向量网平差采用北京建筑大学研制的 CiDeM 监测平台中 BuADJ 数据处理软件计算。

如图 3-1 所示 GNSS 监测网，其中基准点 JS01、JS14、JS12 位于岩石上，较为稳固。JS03、JS04、JS05、JS09、JS09、JS10 这 6 个基准点位为新埋设控制点。为了分析控制点的稳定性，在基线向量网平差中分别采用了经典自由网平差、秩亏自由网和拟稳平差等平差模型，计算两期的平面坐标差，并绘制变形矢量图。

为便于比较分析，分 4 组情况进行计算。经典平差采用约束 JS14 点坐标，秩亏自由网平差采用约束所有点坐标，拟稳平差分为两组，第一组选取比较稳固的基准点 JS01、JS12、JS14 进行平差，第二组拟稳点选取基准点 JS01、JS05、JS14 进行平差。从图形中可以看到，基准点 JS05 发生了比较大的变化。

在 GNSS 网平差中，经典平差、秩亏自由网和拟稳平差的不同之处在于基准方程系数不同，经典平差约束一个点坐标，秩亏自由网平差约束所有点坐标，拟稳平差约束相对稳定点坐标。

经过计算和图形分析可以看出，基准点 JS01、JS14、JS12 较为稳定，基准点 JS03、JS05 平面位置经过一年发生了显著变化。

从矢量图中可以看出，第一组拟稳平差和经典平差坐标差的大小基本相同，而且可以明显地看出 JS03、JS05 发生了较大位移。第二组拟稳平差，因为 JS05 已经发生了较大位移，致使稳点的点从矢量图上也发生了较大变化。这说明平差基准选取失误，会导致错误的结果。

3.1.5 控制点稳定性分析方法

在监测网数据处理中，控制点稳定性分析至关重要，一般采用秩亏自由网进行分析。以下介绍坐标差比较法和平均间隙法两种方法。

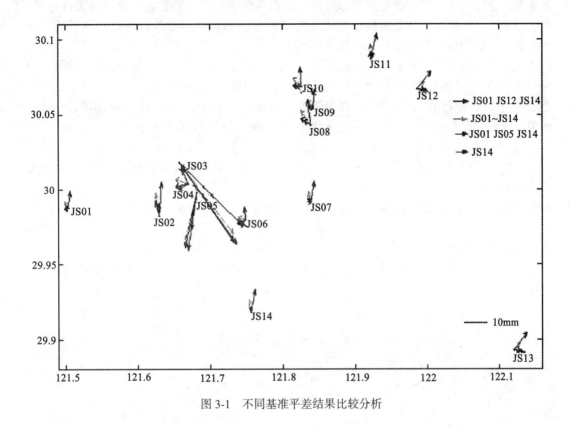

图 3-1 不同基准平差结果比较分析

3.1.5.1 坐标差比较法

假设第一期观测成果按经典自由网平差计算，选定的起算点为 TJ01、TJ02 两点，经过平差可得各点坐标 $(x_i，y_i)$ 及其点位中误差 $m_{p_i} = \sqrt{\delta x_i^2 + \delta y_i^2}$（$i = 1，2，m$）。第二期观测成果仍选择 TJ01、TJ02 为起算点，平差方法采用经典平差方法，计算得到各点坐标及点位中误差。计算两期的坐标差

$$\begin{aligned} \Delta X_i &= X_{2i} - X_{1i} \\ \Delta Y_i &= Y_{2i} - Y_{1i} \end{aligned} \tag{3-28}$$

按式（3-29）判断其稳定性

$$\sqrt{\Delta X_i^2 + \Delta Y_i^2} < k m_{pi} \tag{3-29}$$

如上式成立，则认为该点没有显著性变化，这里系数 k 一般取 2 或 3。如果某点存在 $\sqrt{\Delta X_i^2 + \Delta Y_i^2} > k m_{pi}$，则说明该点产生了较大位移。

坐标差比较法简单直观，易于理解和应用。这种方法的前提是两期平差采用同样的起算点，而且起算点稳固不变。如果起算点发生了显著变化，那么这种方法就不适用了。

3.1.5.2 平均间隙法

影响控制点坐标值改变的原因多种多样，如观测条件、基准点选择、地质条件等，因此两期坐标差并不一定反映控制点位移。为此，可采用平均间隙法对监测网中不稳定点进行检验和识别。

平均间隙法的基本思想是：前后两期观测条件一致，若控制点没有显著变化，则两期

的平差结果也应该一致，即根据坐标差的大小和点位协方差，对控制点进行显著性检验，检验结果应该一致。对于监测网而言，采用 F 检验法做监测网总体位移显著性检验，若检验通过，说明监测网总体稳定，如果判断变动"显著"，则说明第二期监测网中有控制点产生了较大位移。但是总体检验并不能说明监测网中哪个点产生了位移，为此再采用 t 检验法检验每个点的变动情况，并且对经检验存在显著性变动的点应进一步检验变动的大小。还可以采用分组检验的方法，将控制点进行分组，每次去掉一个点，分别进行一致性检验，未通过检验的控制网则说明存在变化点，进而识别出不稳定点。

对于两期观测结果分别有 $(X_i, Q_{X_iX_i}, V_i{}^\mathrm{T}P_iV_i, f_i)$，其中 X_1，X_2 为两期坐标值；$Q_{X_1X_1}$，$Q_{X_2X_2}$ 分别为两期的协因数阵；V_1、V_2、P_1、P_2 分别为其改正数和相应权阵；f 为多余观测数。

以 X_1，X_2 为两期坐标参数构成的向量，坐标差向量为

$$d_X = X_2 - X_1 \tag{3-30}$$

检验方法如下：

零假设表示监测网总体稳定，$H_0: d_X = 0$，备选假设表示监测网总体有变动，$H_1: d_X \neq 0$。

构造统计量：

$$F = \frac{d^\mathrm{T}Q_{dd}^+d}{f_d\hat{\sigma}_0^2} \tag{3-31}$$

拒绝域：

$$F > F(\alpha, f_d, f_1 + f_2) \tag{3-32}$$

其中，

$$Q_{dd}^+ = Q_{X_2X_2} + Q_{X_1X_1}$$

$$\hat{\sigma}_0^2 = \frac{V_1{}^\mathrm{T}P_1V_1 + V_2{}^\mathrm{T}P_2V_2}{f_1 + f_2} = \frac{V_1{}^\mathrm{T}P_1V_1 + V_2{}^\mathrm{T}P_2V_2}{f}$$

式中，f_d 为 Q_{dd} 的秩；f_1，f_2 分别为两期监测网的自由度，它服从 F 分布，选取显著性水平 α，第一自由度 f_d，第二自由度 $f = f_1 + f_2$，从 F 分布表中查取分位值 F_α，如果存在 $F > F(\alpha, f_d, f_1 + f_2)$，则表示控制网有变动，需要进一步判断产生位移的控制点。

对于每个监测基准网点采用单点位移模型，应用 t 检验法确定产生位移的点，检验方法如下：$H_0: d_{xi} \neq 0$，$H_1: d_{xi} = 0$。

构造统计量

$$F_i = \frac{d_i{}^2Q^{-1}{}_{d_id_i}}{\hat{\sigma}_0{}^2} = \frac{d_i^2}{\hat{\sigma}_0^2Q_{d_id_i}} \tag{3-33}$$

当 H_0 成立时，F 为中心化 $F(1, f)$ 分布。根据 t 变量与 F 变量的关系，将统计量 F 转换为 t 变量：

$$t_i = F_i^{\frac{1}{2}} = \frac{d_i}{\hat{\sigma}_0\sqrt{Q_{d_id_i}}} \tag{3-34}$$

选定显著性水平 α，查 t 分布表获取 $t_{\alpha/2}$，如果 $|t_i| > t_{\frac{\alpha}{2}}$，即可判断点位发生了显著性位移。

3.2 线性回归模型

变量之间的关系一般分为函数相关和统计相关两类，变量之间具有确定性关系的模型，称为函数相关，测量平差中函数模型一般是函数相关模型。变量之间不存在确定的函数关系，但是存在一定的制约关系，由变量之间统计相关所建立的函数模型，称为回归模型。

建(构)筑物变形的原因复杂多样，各因素之间很难找到确定的函数模型，回归分析为变形分析提供了一个良好的工具。通过分析变形量与相关因素的影响，建立回归方程，分析变形的原因和趋势，并进行变形预报。回归分析要解决的问题包括以下几个方面：(1)建立函数模型；(2)估计回归模型参数；(3)检验模型参数的显著性；(4)利用回归模型进行预报和控制。

如果因变量与自变量之间的关系为线性的，称为线性回归模型；否则称为非线性回归模型。

3.2.1 一元线性回归

在线性回归模型中，当自变量 x 的个数只有一个时，称为一元线性回归模型，当自变量 x 的个数大于一个时，称为多元线性回归模型。一元线性回归只包含一个因变量和一个自变量，其模型为

$$y = \beta_0 + \beta_1 x_1 + \varepsilon \tag{3-35}$$

用矩阵形式表达为

$$y = \begin{bmatrix} 1 & x_1 \end{bmatrix} \begin{bmatrix} \beta_0 \\ \beta_1 \end{bmatrix} + \varepsilon \tag{3-36}$$

一般的，由 n 个观测值组成的回归方程模型为

$$Y = A\hat{\beta} + \varepsilon \tag{3-37}$$

式中，

$$Y = \begin{bmatrix} y_1 \\ y_2 \\ \vdots \\ y_n \end{bmatrix}, \varepsilon = \begin{bmatrix} \varepsilon_1 \\ \varepsilon_2 \\ \vdots \\ \varepsilon_n \end{bmatrix}, \beta = \begin{bmatrix} \beta_0 \\ \beta_1 \end{bmatrix}, A = \begin{bmatrix} 1 & x_1 \\ 1 & x_2 \\ \vdots & \vdots \\ 1 & x_n \end{bmatrix}$$

写成误差形式为

$$V = A\hat{\beta} - Y \tag{3-38}$$

按最小二乘原理有

$$V^{\mathrm{T}} V = (A\hat{\beta} - Y)^{\mathrm{T}} (A\hat{\beta} - Y)^{\mathrm{T}} = \min \tag{3-39}$$

对上式求导可得

$$\frac{\partial V^{\mathrm{T}} V}{\partial \hat{\beta}} = 2V^{\mathrm{T}} A = 0 \tag{3-40}$$

转置可得

$$A^{\mathrm{T}}V = 0 \tag{3-41}$$

将式(3-38)代入，整理可得

$$(A^{\mathrm{T}}A)\hat{\beta} - A^{\mathrm{T}}Y = 0 \tag{3-42}$$

参数最小二乘解

$$\hat{\beta} = (A^{\mathrm{T}}A)^{-1}A^{\mathrm{T}}Y \tag{3-43}$$

得到回归方程

$$\hat{Y} = A\hat{\beta} \tag{3-44}$$

残差

$$V = A\hat{\beta} - Y \tag{3-45}$$

单位权方差

$$\sigma^2 = \frac{V^{\mathrm{T}}V}{n-2} \tag{3-46}$$

参数的协因数

$$Q_{\hat{\beta}\hat{\beta}} = (A^{\mathrm{T}}A)^{-1} \tag{3-47}$$

参数的方差

$$D_{\hat{\beta}\hat{\beta}} = \sigma_0^2 Q_{\hat{\beta}\hat{\beta}} \tag{3-48}$$

3.2.2 多元线性回归分析

多元回归分析是研究一个因变量和多个自变量之间的关系，多元线性回归模型为

$$y = \beta_0 + \beta_1 x_1 + \beta_2 x_2 + \cdots + \beta_m x_m + \varepsilon \tag{3-49}$$

式中，x 是自变量；y 是因变量；β_0，β_1，$\cdots$，β_m 为回归系数；ε 为随机误差。

对于第 i 个观测值，有

$$y_i = \beta_0 + \beta_1 x_{i1} + \beta_2 x_{i2} + \cdots + \beta x_{im} + \varepsilon_i \quad i = 1, 2, \cdots, n \tag{3-50}$$

并有

$$\varepsilon_i \sim N(0, \sigma^2), \quad \mathrm{cov}(\varepsilon_i, \varepsilon_j) = 0, \quad i \neq j \tag{3-51}$$

对于 n 个观测值，它们的函数关系为

$$\left.\begin{array}{l}
y_1 = \beta_0 + \beta_1 x_{11} + \beta_2 x_{12} + \cdots + \beta_m x_{1m} + \varepsilon_1 \\
y_2 = \beta_0 + \beta_1 x_{21} + \beta_2 x_{22} + \cdots + \beta_m x_{2m} + \varepsilon_2 \\
\cdots\cdots \\
y_n = \beta_0 + \beta_1 x_{n1} + \beta_2 x_{n2} + \cdots + \beta_m x_{nm} + \varepsilon_n
\end{array}\right\} \tag{3-52}$$

表示矩阵形式为

$$\begin{bmatrix} y_1 \\ y_2 \\ \vdots \\ y_n \end{bmatrix} = \begin{bmatrix} 1 & x_{11} & x_{12} & \cdots & x_1 \\ 1 & x_{21} & x_{22} & \cdots & x_{2m} \\ \vdots & \vdots & \vdots & & \vdots \\ 1 & x_{n1} & x_{n2} & \cdots & x_{nm} \end{bmatrix} \begin{bmatrix} \beta_0 \\ \beta_1 \\ \beta_2 \\ \vdots \\ \beta_p \end{bmatrix} + \begin{bmatrix} \varepsilon_1 \\ \varepsilon_2 \\ \vdots \\ \varepsilon_n \end{bmatrix} \tag{3-53}$$

令

$$Y = \begin{bmatrix} y_1 \\ y_2 \\ \vdots \\ y_n \end{bmatrix}_{n \times 1}, \quad \varepsilon = \begin{bmatrix} \varepsilon_1 \\ \varepsilon_2 \\ \vdots \\ \varepsilon_n \end{bmatrix}_{n \times 1}, \quad \beta = \begin{bmatrix} \beta_0 \\ \beta_1 \\ \beta_2 \\ \vdots \\ \beta_m \end{bmatrix}_{(m+1) \times 1}, \quad A = \begin{bmatrix} 1 & x_{11} & x_{12} & \cdots & x_{1m} \\ 1 & x_{21} & x_{22} & \cdots & x_{2m} \\ \vdots & \vdots & \vdots & & \vdots \\ 1 & x_{n1} & x_{n2} & \cdots & x_{nm} \end{bmatrix}_{n \times (m+1)}$$

式(3-53)变为

$$Y = A\hat{\beta} + \varepsilon \tag{3-54}$$

其误差方程形式为

$$V = A\hat{\beta} - Y \tag{3-55}$$

按最小二乘准则

$$V^{\mathrm{T}}V = (A\hat{\beta} - Y)^{\mathrm{T}}(A\hat{\beta} - Y) = \min \tag{3-56}$$

可得法方程

$$(A^{\mathrm{T}}A)\hat{\beta} = A^{\mathrm{T}}Y = 0 \tag{3-57}$$

参数最小二乘解

$$\hat{\beta} = (A^{\mathrm{T}}A)^{-1}A^{\mathrm{T}}Y \tag{3-58}$$

得到回归方程为

$$\hat{Y} = A\hat{\beta} \tag{3-59}$$

残差

$$V = A\hat{\beta} - Y \tag{3-60}$$

单位权方差

$$\sigma^2 = \frac{V^{\mathrm{T}}V}{n - (m+1)} \tag{3-61}$$

参数的协因数

$$Q_{\hat{\beta}\hat{\beta}} = (A^{\mathrm{T}}A)^{-1} \tag{3-62}$$

参数的方差

$$D_{\hat{\beta}\hat{\beta}} = \sigma_0^2 Q_{\hat{\beta}\hat{\beta}} \tag{3-63}$$

3.2.3 回归方程的显著性检验

由最小二乘准则求解回归系数的计算过程中，不一定知道因变量与自变量是否存在线性关系，在求出回归系数之前仅仅是一种假定。如果不存在线性关系，那么得到的回归方程毫无意义。因此，必须对回归方程进行显著性检验。

检验分两步进行，第一步是采用方差分析法进行回归方程总体显著性检验，检验回归方程的总体效果。第二步是采用 t 检验法检验回归方程中每个回归系数的显著性，其目的是剔除模型中无效的系数，优化回归模型；或者采用逐步回归的方法，剔除模型中无效的参数。

3.2.3.1 回归方程总体显著性检验

回归方程总体性检验采用方差法，设随机变量的样本观测值为 $y_i(i = 1, 2, \cdots, n)$，平差值为 $\hat{y}_i$，观测值的平均值为 $\bar{y}$，因变量相对于平均值 $\bar{y}$ 的总偏差平方和为

$$S_{总} = \sum_{i=1}^{n} (y_i - \bar{y})^2 \tag{3-64}$$

按照方差分析法对上式进行分解

$$S_{总} = \sum_{i=1}^{n} (y_i - \bar{y})^2 = \sum_{i=1}^{n} [(y_i - \hat{y}_i) + (\hat{y}_i - \bar{y})]^2$$

$$= \sum_{i=1}^{n} [(y_i - \hat{y}_i)]^2 + \sum_{i=1}^{n} [(\hat{y}_i - \bar{y})]^2 + 2\sum_{i=1}^{n} (y_i - \hat{y}_i)(\hat{y}_i - \bar{y}) \tag{3-65}$$

可以证明，式中最后一项 $2\sum_{i=1}^{n} (y_i - \hat{y}_i)(\hat{y}_i - \bar{y}) = 0$，则下式成立：

$$S_{总} = \sum_{i=1}^{n} [(y_i - \hat{y}_i)]^2 + \sum_{i=1}^{n} [(\hat{y}_i - \bar{y})]^2 = S_{回} + S_{残} \tag{3-66}$$

式中，$S_{回} = \sum_{i=1}^{n} (\hat{y}_i - \bar{y})^2$，$S_{残} = \sum_{i=1}^{n} (y_i - \hat{y}_i)^2$。

上式表明，观测值总偏差平方和由回归引起的偏差平方和各种干扰引起的残差平方和两部分构成。回归偏差在总的偏差中所占分量越大时，残差就越小，表示回归效果显著；相反，残差所占分量大，则表示回归方程的显著性较差。但是，仅从数值上还不能直接进行比较，它们的大小还与各自的自由度有关。为此，构造统计量，采用假设检验的方法，从总体上检验回归方程的显著性。检验方法如下：$H_0: \beta_1 = \beta_2 = \cdots = \beta_m = 0$，$H_1: \beta_i$ 不全为零。

构造服从 F 分布的统计量

$$F = \frac{\dfrac{S_{回}}{m}}{\dfrac{S_{残}}{n - (m + 1)}} \tag{3-67}$$

在给定显著水平 α 后，按单尾检验法，以分子自由度 m，分母自由度 $n - (m + 1)$ 为引数，查 F 分布表得 F。若 $F > F_\alpha$，说明 H_0 不成立，即拒绝 H_0，总体回归效果显著；反之，$F < F_\alpha$，回归效果不显著，所建立的回归方程不成立。F 的数值可以从分布表中查取，也可以从网络上查取，还可以直接从应用软件中获取。

3.2.3.2 参数显著性检验

对回归方程的显著性检验，若否定 H_0，仅表示 β_1，β_2，$\cdots$，β_m 不全为 0，但并不排除有某个 β_i 为 0。若 $\beta_i = 0$，则说明自变量 x_i 对因变量 y 的影响不明显，应从回归模型中删除。因此，在拒绝原假设后，还要逐一对回归系数是否为 0 进行逐个检验。检验单个系数是否为零采用 t 检验法。参数的显著性检验为 $H_0: \beta_i = 0$，$H_1: \beta_i \neq 0$。构造服从 t 分布的统计量

$$t(f) = \frac{\hat{\beta}_i - \beta_i}{\hat{\sigma} \sqrt{q_i}} \tag{3-68}$$

式中，q_i 为 $(A^{\mathrm{T}}A)^{-1}$ 的第 i 个对角元素，$\hat{\sigma}^2 = \dfrac{V^{\mathrm{T}}V}{n-(m+1)}$。

当 H_0 成立时，上式中的 $\beta_i = 0$，给定显著水平 α，以自由度 $n-(m+1)$ 为引数，查 t 分布表得到 $t_{\frac{\alpha}{2}}$。若 $|t(f)| > t_{\frac{\alpha}{2}}$，则接受备选假设 $\beta_i \neq 0$，参数 β_i 显著。当接受原假设 $\beta_i = 0$ 时，该参数不显著，予以剔除。

3.3   时间序列分析模型

时间序列分析是一种动态数据处理的统计方法。该方法基于随机过程理论和数理统计学方法，研究随机数据序列所遵从的统计规律，用于解决实际问题。时间序列分析是根据观测得到的时间序列数据，通过曲线拟合和参数估计来建立数学模型的理论和方法。它一般采用曲线拟合和参数估计方法（包括线性最小二乘法和非线性最小二乘法）进行。时间序列分析方法包括一般统计分析，统计模型的建立与推断，以及关于时间序列的最优预测、控制与滤波等内容。

经典的统计分析都假定数据序列具有独立性，而时间序列分析则侧重研究数据序列的互相依赖关系。时间序列分析实际上是对离散指标的随机过程的统计分析，所以又可看做是随机过程统计的一个组成部分。例如某监测工程第一期、第二期……第 N 期的变形量，利用时间序列分析方法，可以对未来各期的变形量进行预报。时间序列已经成为变形监测数据分析的主要工具之一。

3.3.1   时间序列基本概念

3.3.1.1   时间序列的定义

在统计学研究中，常用按时间排列的一组随机变量序列 X_1，X_2，$\cdots$，X_t 来表示一个随机事件的时间序列，一般用 x_1，x_2，$\cdots$，x_n 分别表示随机变量 X_1，X_2，$\cdots$，X_t 的观测值，称为时间序列的 n 个观测样本，n 为观测样本个数。

在实际问题中能够得到的数据只是时间序列的有限观测样本。时间序列的任务就是根据观测数据的特点为数据建立尽可能合理的统计模型，然后利用统计模型的统计特性去解释数据的统计规律，以达到控制或预报的目的。

一般用 $\{X_t\}$ 表达时间序列，用 $\{x_t\}$ 表达观测样本。进行时间序列分析的目的是通过分析观测样本 $\{x_t\}$ 的性质，推断和解释随机时间序列 $\{X_t\}$ 的性质。

3.3.1.2   时间序列分析特征统计量

常用的时间序列分析特征统计量有时间序列的均值函数、自协方差函数、自相关函数、互协方差函数和互相关函数。

1. 时间序列的均值函数

一个时间序列对应的随机变量 X_t，其均值函数为

$$\mu_t = E(X_t) = \int_{-\infty}^{\infty} x_t f(x_t;\ t)\,\mathrm{d}x_t \tag{3-69}$$

2. 时间序列的自协方差函数

对于任意时刻 t 和 s，随机变量 X_t 和 X_s 的协方差函数 D_{ts} 为

$$D(X_t, X_s) = E(X_t - \mu_t)(X_s - \mu_s)$$

$$= \int_{-\infty}^{\infty} \int_{-\infty}^{\infty} (x_t - \mu_t)(x_s - \mu_s)f_2(x_t, x_s; t, s)\mathrm{d}x_t\mathrm{d}x_s \tag{3-70}$$

当 $t = s$ 时，

$$D(X_t) = E\{(X_t - \mu_t)^2\} = \int_{-\infty}^{\infty} (x_t - \mu_t)^2 f_1(x_t; t)\mathrm{d}x_t \tag{3-71}$$

上式称为方差函数，简称为方差。

3. 自相关函数

自相关函数是时间序列诸项之间的简单相关，自相关函数为

$$R_{ts} = E(X_t X_s) = \int_{-\infty}^{\infty} \int_{-\infty}^{\infty} x_t x_s f_2(x_t, x_s; t, s)\mathrm{d}x_t\mathrm{d}x_s \tag{3-72}$$

自相关程度用自相关系数度量，相关系数为

$$\rho_{ts} = \frac{D(X_t, X_s)}{\sqrt{D(X_t)D(X_s)}} \tag{3-73}$$

4. 互协方差函数和互相关函数

对于两个随机过程 $\{X_t; t \in T\}$ 和 $\{Y_t; t \in T\}$，其互协方差函数为

$$D(X_t, Y_s) = E\{(X_t - \mu_{x_t})(Y_s - \mu_{y_s})\} \tag{3-74}$$

互相关函数为

$$\rho_{ts} = \frac{\mathrm{cov}(X_t, X_s)}{\mathrm{var}(X_t)\mathrm{var}(X_s)} \tag{3-75}$$

3.3.1.3 平稳时间过程与平稳时间序列

假设随机过程 X_T 的均值函数 μ_t 和协方差函数 $D(X_t)$ 均为常数，自协方差函数 $D(X_t, X_s)$ 是时间间隔 $\tau = s - t$ 的单变量函数，则称此过程是协方差平稳过程，也称为宽平稳随机过程。假设随机过程 X_T 的所有有穷 n 维分布函数或概率密度，对所有的时刻 t 加上一个 τ 值保持不变，则称 X_t 为严平稳随机过程。

如果一个随机过程是严平稳过程，而且具有有限的二阶矩，则该过程一定是协方差平稳过程，即宽平稳过程。但是，一个宽平稳过程却不一定是严平稳过程。以后讨论平稳随机过程，一般是指宽平稳随机过程。

对于平稳随机过程 $\{X_t, t \in T\}$，如果 T 中元素是离散的时刻，称之为平稳时间序列。

3.3.1.4 遍历性

假设时间序列 X_t 是一个平稳过程，如果时间平均值按照概率收敛到母体平均值，则称该随机过程是关于均值遍历的，该随机过程具有遍历性。遍历性可以用区间平均值代替总体平均值。

如果一个平稳时间序列是遍历的，那么它在每个时点上的样本矩性质（均值和协方差）就可以在不同时点上的样本中体现出来。

3.3.2 时间序列的随机线性模型

3.3.2.1 平稳自回归模型（AR 模型）

对于平稳、正态、零均值的时间序列 $\{x_t\}$，子样观测值之间前后存在一定的依存关

系，x_t 的取值与前面 p 个观测值 x_{t-1}，x_{t-2}，$\cdots$，x_{t-p} 的取值及当前的干扰（白噪声）有关，与以前的干扰无关。按照多元回归思想，将回归模型 $y_i = x_{1i}\beta_1 + x_{2i}\beta_2 + \cdots + x_{mi}\beta_m + \varepsilon_i$ 作如下修改：x_t 表示子样观测值 y_i，非随机数值 x_{1i}，x_{2i}，$\cdots$ 用序列 x_t 自身某一时刻 t 的前 p 个子样观测值 x_{t-1}，x_{t-2}，$\cdots$，x_{t-p} 代替，回归系数用 $\varphi(j = 1, 2, \cdots, p)$ 表示，则可得到如下模型：

$$x_t = \varphi_1 x_{t-1} + \varphi_2 x_{t-2} + \cdots + \varphi_p x_{t-p} + \varepsilon_t \tag{3-76}$$

称具有如下结构的模型为 p 阶自回归模型，简记为 $\mathrm{AR}(p)$ 模型。

$$\begin{cases} x_t = \varphi_1 x_{t-1} + \varphi_2 x_{t-2} + \cdots + \varphi_p x_{t-p} + \varepsilon_t \\ \varphi_p \neq 0 \\ E(\varepsilon_t) = 0, \ \mathrm{var}(\varepsilon_t) = \sigma_\varepsilon^2, \ E(\varepsilon_t \varepsilon_s) = 0, \ s \neq t \\ Ex_s\varepsilon_t = 0, \ \forall s < t \end{cases} \tag{3-77}$$

从上式可以看出，$\mathrm{AR}(p)$ 模型具有下列三个条件：

（1）$\varphi_p \neq 0$；

（2）$E(\varepsilon_t) = 0$，$\mathrm{var}(\varepsilon_t) = \sigma_\varepsilon^2$，$E(\varepsilon_t \varepsilon_s) = 0$，$s \neq t$ 说明随机干扰序列 ε_t 为零均值白噪声序列；

（3）$Ex_s\varepsilon_t = 0$，$\forall s < t$。

为便于讨论，引入延迟算子。延迟算子类似于一个时间指针，当前序列值乘以一个延迟算子，就相当于把当前序列值的时间向过去拨去了一个时刻。

记 B 为延迟算子，有

$$\left. \begin{array}{l} Bx_t = x_{t-1} \\ B^2 x_t = x_{t-2} \\ \cdots\cdots \\ B^p x_t = x_{t-p} \end{array} \right\} \tag{3-78}$$

则式（3-76）变为

$$x_t = \varphi_1 B x_t + \varphi_2 B^2 x_t + \cdots + \varphi_p B^p x_t + \varepsilon_t \tag{3-79}$$

将其变换为

$$x_t - \varphi_1 B x_t - \varphi_2 B^2 x_t - \cdots - \varphi_p B^p x_t = \varepsilon_t \tag{3-80}$$

进一步整理可得

$$(1 - \varphi_1 B - \varphi_2 B^2 - \cdots - \varphi_p B^p) x_t = \varepsilon_t \tag{3-81}$$

则 $AR(p)$ 模型可以表示为

$$\varphi(B) x_t = \varepsilon_t \tag{3-82}$$

其中，$\varphi(B) = 1 - \varphi_1 B - \varphi_2 B^2 - \cdots - \varphi_p B^p$ 为 P 阶自回归多项式。

线性模型中，时间序列 $\{x_i\}$ 是平稳时间序列，$\{\varepsilon_i\}$ 是白噪声序列，且满足方程

$$\varphi(B) = 0 \tag{3-83}$$

根的模均大于1，称式（3-82）为 P 阶平稳自回归模型，简称 AR 模型，记作 $\mathrm{AR}(p)$，并将式（3-83）称为平稳性条件。

3.3.2.2 可逆滑动平均模型（MA 模型）

将回归模型 $y_i = x_{1i}\beta_1 + x_{2i}\beta_2 + \cdots + x_{mi}\beta_m + \varepsilon_i$ 作如下修改：用白噪声 $\{\varepsilon_i\}$ 在某一时刻 t

的前 q 个时刻的噪声代替非随机数值 x_{1i}，x_{2i}…，相应系数用 $\theta_j(j = 1, 2, \cdots, q)$ 表示，子样观测值用 x_t 表示，可得到如下模型：

$$x_t = \varepsilon_t - \theta_1 \varepsilon_{t-1} - \theta_2 \varepsilon_{t-2} - \cdots - \theta_q \varepsilon_{t-q} \qquad (3\text{-}84)$$

具有如下结构的模型

$$\begin{cases} x_t = \varepsilon_t - \theta_1 \varepsilon_{t-1} - \theta_2 \varepsilon_{t-2} - \cdots - \theta_q \varepsilon_{t-q} \\ \theta_q \neq 0 \\ E(\varepsilon_t) = 0, \ \mathrm{var}(\varepsilon_t) = \sigma_\varepsilon^2, \ E(\varepsilon_t \varepsilon_s) = 0, \ s \neq t \end{cases} \qquad (3\text{-}85)$$

称为 q 阶滑动平均模型，简称 MA(q) 模型，而称由式(3-84)决定的平稳序列 $\{X_t\}$，是滑动平均序列，简称 MA(q) 序列。应用延迟算子 MA 模型可表示为

$$x_t = \varepsilon_t - \theta_1 B \varepsilon_t - \theta_2 B^2 \varepsilon_t - \cdots - \theta_q B^q \varepsilon_t \qquad (3\text{-}86)$$

令

$$\theta(B) = 1 - \theta_1 B - \theta_2 B^2 - \cdots - \theta_q B^q$$

式(3-84)可表示为

$$x_t = \theta(B) \varepsilon_t \qquad (3\text{-}87)$$

假设 $\{x_i\}$ 是平稳零均值时间序列，$\{\varepsilon_i\}$ 是白噪声系列，并且满足方程

$$\theta(B) = 0 \qquad (3\text{-}88)$$

的根的模全大于 1，则称式(3-87)为 q 阶可逆滑动平均模型，简称 MA 模型，记作 MA(q)，并将式(3-88)称为可逆性条件。

3.3.2.3　ARMA(p, q)模型

将平稳自回归模型和可逆滑动平均模型综合起来，就可以得到更广泛的线性模型：平稳自回归-可逆滑动平均模型 ARMA 模型。根据自回归和移动平均的阶数将其表示为 ARMA(p, q) 形式

$$x_t - \varphi_1 x_{t-1} - \varphi_2 x_{t-2} - \cdots - \varphi_p x_{t-p} = \varepsilon_t - \theta_1 \varepsilon_{t-1} - \theta_2 \varepsilon_{t-2} - \cdots - \theta_q \varepsilon_{t-q} \qquad (3\text{-}89)$$

应用延迟算子 $\varphi(B)$、$\theta(B)$ 表示，则有

$$\varphi(B) x_t = \theta(B) \varepsilon_t \qquad (3\text{-}90)$$

设在线性模型中，$\{x_t\}$ 是平稳零均值时间序列，$\{\varepsilon_t\}$ 是白噪声系列，且满足下列条件：

(1)实系数多项式 $\varphi(B)$ 与 $\theta(B)$ 没有公共根；

(2) $p \neq 0, q \neq 0$；

(3)满足平稳条件：$\varphi(B) = 0$ 的根全在单位圆外；

(4)满足可逆性条件：$\theta(B) = 0$ 的根全在单位圆外。

则称式(3-89)或式(3-90)是一个自回归可逆滑动滑动平均模型，简称 ARMA 模型，记为 ARMA(p, q)。显然，在 ARMA(p, q) 中，如果 $p = 0$，就变为 MA(q)；如果 $q = 0$，就变为 AR(p)。

3.3.3　模型参数最小二乘估计

3.3.3.1　AR 模型参数的最小二乘估计

设时间序列 $\{x_i\}$ 有样本观测值 x_1, x_2, $\cdots$, x_n，由 AR 模型可写出

$$\left.\begin{array}{l} x_{p+1} = x_p \varphi_1 + x_{p-1} \varphi_2 + \cdots + x_1 \varphi_p + \varepsilon_{p+1} \\ x_{p+2} = x_{p+1} \varphi_1 + x_p \varphi_2 + \cdots + x_2 \varphi_p + \varepsilon_{p+2} \\ \cdots\cdots \\ x_n = x_{n-1} \varphi_1 + x_{n-2} \varphi_2 + \cdots + x_{n-p} \varphi_p + \varepsilon_n \end{array}\right\} \tag{3-91}$$

其矩阵形式是

$$Y = A\beta + \varepsilon \tag{3-92}$$

这里样本观测值 Y，系数矩阵 A，噪声 ε，未知参数 β，并有

$$Y = \begin{bmatrix} x_{p+1} \\ x_{p+2} \\ \vdots \\ x_n \end{bmatrix}, \quad A = \begin{bmatrix} x_p & x_{p-1} & \cdots & x_1 \\ x_{p+1} & x_p & \cdots & x_2 \\ \vdots & \vdots & & \vdots \\ x_{n-1} & x_{n-2} & \cdots & x_{n-p} \end{bmatrix}, \quad \varepsilon = \begin{bmatrix} \varepsilon_{p+1} \\ \varepsilon_{p+2} \\ \vdots \\ \varepsilon_n \end{bmatrix}, \quad \beta = \begin{bmatrix} \varphi_1 \\ \varphi_2 \\ \vdots \\ \varphi_n \end{bmatrix}$$

按最小二乘原理，可得 β 的线性最小二乘估计值为

$$\hat{\beta} = (A^{\mathrm{T}}A)^{-1}A^{\mathrm{T}}Y \tag{3-93}$$

噪声的估值

$$\hat{\varepsilon} = Y - A\hat{\beta} \tag{3-94}$$

噪声的方差

$$\sigma_\varepsilon^2 = \frac{\varepsilon^{\mathrm{T}}\varepsilon}{r} = \frac{1}{n-p} \sum_{i=p+1}^n \varepsilon_i^2 \tag{3-95}$$

3.3.3.2 ARMA 的模型参数最小二乘估计

ARMA 模型中包含线性和非线性部分，模型参数的解算采用非线性最小二乘法。下面以 ARMA(1, 1)为例，阐述模型参数的解算过程。

ARMA(1, 1)写为

$$x_t = x_{t-1}\varphi_1 + \varepsilon_t - \theta_1 \varepsilon_{t-1} \tag{3-96}$$

取其逆转形式

$$x_t = (\varphi_1 - \theta_1) \sum_{j=1} \theta_1^{j-1} x_{t-j} + \varepsilon_t \tag{3-97}$$

式(3-97)是一个非线性观测方程，式中未知参数为 φ_1，θ_1。

采用高斯牛顿法解算，具体步骤如下：

(1)按照矩估计法计算参数的近似值 φ_1^0，θ_1^0。

(2)线性化可得观测方程

$$Y^* = A\delta\beta + \varepsilon \tag{3-98}$$

式中，

$$\delta\beta = \begin{bmatrix} \delta\varphi_1 \\ \delta\theta 1 \end{bmatrix}, \quad \varepsilon = \begin{bmatrix} \varepsilon_2 \\ \varepsilon_3 \\ \vdots \\ \varepsilon_n \end{bmatrix}, \quad Y^* = \begin{bmatrix} x_2 - (\varphi_1^0 - \theta_1^0)x_1 \\ x_3 - (\varphi_1^0 - \theta_1^0) \sum_{j=1}^2 (\theta_1^0)^{j-1} x_{3-j} \\ \vdots \\ x_n - (\varphi_1^0 - \theta_1^0) \sum_{j=1}^{n-1} (\theta_1^0)^{j-1} x_{i-j} \end{bmatrix},$$

$$A = \begin{bmatrix} x_1 & x_1 \\ \sum_{j=1}^{2} (\theta_1^0)^{j-1} x_{3-j} & (\varphi_1^0 - \theta_1^0) \sum_{j=1}^{2} (\theta_1^0)^{j-2} x_{3-j} \\ \vdots & \vdots \\ \sum_{j=1}^{n-1} (\theta_1^0)^{j-1} x_{n-j} & (\varphi_1^0 - \theta_1^0) \sum_{j=1}^{2} (\theta_1^0)^{j-2} x_{n-j} \end{bmatrix}$$

（3）求解 $\delta\hat{\beta}$ 和 $\hat{\beta}$。在迭代计算初期阶段，采用阻尼最小二乘法，按下式计算：

$$\left. \begin{array}{l} \delta\hat{\beta} = (A^T A + \lambda I)^{-1} A^T Y^* \\ \hat{\beta} = \beta^0 + \delta\hat{\beta} \end{array} \right\}$$ （3-99）

式中，λ 取较大值，使迭代过程接近最速下降法。

（4）以 $\hat{\beta}$ 为新初始值，重复（2）、（3）计算，直到求得符合精度要求的 $\hat{\beta}$。

从以上解算过程可知，对于低阶的 ARMA 模型或 MA 模型，其参数的解算过程比较复杂。对于一般的 ARMA(p, q) 模型结构复杂，解算更为复杂。因此，ARMA 模型具体计算时一般采用统计工具软件进行。

3.3.4 ARMA 预测

对随机观测值所做的一切分析包括平稳性判断、白噪声判别、模型选择、参数估计及模型检验等，最终目的是在确定模型参数之后，利用模型对未来可能出现的结果进行预测。预测就是要利用过去和现在的观测值序列在未来某个时刻的随机变量进行估计。目前对平稳序列最常用的预测方法是线性最小方差预测。

3.3.4.1 AR(p) 序列预测

在 AR(p) 序列场合，预报递推公式

$$\hat{x}_k(l) = \varphi_1 \hat{x}_k(l-1) + \cdots + \varphi_{l-1} \hat{x}_k(1) + \varphi_l x_k + \cdots + \varphi_p x_{k+l-p}$$ （3-100）

其中，$\varphi = (\varphi_1 \quad \varphi_2 \quad \cdots \quad \varphi_p)^T$ 是已经估计得到的确定值，l 为预测步长。当 $l = 1$, 2, 3 时，有

$$\hat{x}_k(1) = \varphi_1 x_k + \varphi_2 x_{k-1} + \cdots + \varphi_p x_{k-p+1}$$

$$\hat{x}_k(2) = \varphi_1 \hat{x}_k + \varphi_2 x_k + \cdots + \varphi_p x_{k-p+2}$$

$$\hat{x}_k(2) = \varphi_1 \hat{x}_k(2) + \varphi_2 x_k(1) + \cdots + \varphi_p x_{k-p+3}$$

预测方差为

$$\mathrm{var}[\varepsilon_t(l)] = (1 + \varphi_1^2 + \cdots + \varphi_{l-1}^2) \sigma_\varepsilon^2$$ （3-101）

由上式可知，当递推 l 值越大，预测的精度越差。

3.3.4.2 MA(q) 序列预测

对一个 MA(q) 序列 $x_t = \mu + \varepsilon_t - \theta_1 \varepsilon_{t-1} - \cdots - \theta_q \varepsilon_{t-q}$ 而言，有

$$x_{k+l} = \varepsilon_{k+l} - \theta_1 \varepsilon_{k+l-1} - \cdots - \theta_q \varepsilon_{k+l-q}$$ （3-102）

其中，$\theta = (\theta_1 \quad \theta_2 \quad \cdots \quad \theta_p)^{\mathrm{T}}$ 是已知系数。在 x_k，x_{k-1}，$\cdots$ 已知的条件下，求 x_{k+l} 的估计值，就等价于在 ε_k，ε_{k-1}，$\cdots$ 已知的条件下，求 x_{k+l} 的估计值，而未来时刻的随机扰动 ε_{k+1}，ε_{k+2}，$\cdots$ 不可预测，属于预测误差。

由于 $p = 0$，当 $l > q$ 时，$\hat{x}_k(l) = 0$，所以当 $0 \le l \le q$ 时，MA(q) 序列 l 步的预测值为

$$\hat{x}_k(l) = -\sum_{j=0}^{q-l} \theta_{l+j}\varepsilon_{k-j}, \quad l \le q \tag{3-103}$$

MA(q) 序列预测方差为

$$\mathrm{var}[e_t(l)] = (1 + \theta_1^2 + \cdots + \theta_{l-1}^2)\sigma_\varepsilon^2, \quad l \le q \tag{3-104}$$

☞ **思考题**

1. 在监测网数据处理中，经典自由网、秩亏自由网、拟稳平差三种平差方法的异同之处有哪些？
2. 简述应用平均间隙法识别监测网点稳定性的原理和过程。
3. 分析回归模型和经典平差模型的异同。
4. 简述多元回归模型显著性检验的原理和方法。
5. 简述时间序列模型的基本思想。

第4章 变形监测项目管理

变形监测项目管理遵循测绘项目管理的体系化管理模式，在变形监测项目的管理过程中，结合项目的特点，全面分析项目每个实施阶段，并对项目环境不确定性进行研究与控制，达到降低损失、提高效益、确保质量的目的。

4.1 项目合同

按照我国《合同法》的规定，合同是平等主体的自然人、法人、其他组织之间设立、变更、终止民事权利义务关系的协议。合同内容是由当事人约定的，一般包括以下各项条款：当事人的姓名(名称)和住所、标的、数量、质量、价款或者报酬、履行期限、地点和方式、违约责任、解决争议的方法等。

测绘合同的制定也应按照《合同法》规定的，在平等协商的基础上对合同各项条款进行规约，遵循公平原则来确定各方的权利和义务，并且遵守国家的相关法律和法规。测绘项目的当事人按照我国《经济合同法》的有关规定签订书面合同，并使用统一的测绘合同文本。当事人可以按照各类合同的示范文本(如国家测绘地理信息局发布的《测绘合同示范文本》等)订立合同，也可以在遵循我国《合同法》的基础上，由双方协商去制定相应的合同。

4.1.1 变形监测项目的合同订立

变形监测项目的完成一般需要项目委托方和项目承揽方共同协作完成。由于在项目实施过程中存在着多种不确定因素，变形监测项目合同的订立又与一般技术服务合同有所区别，特别是在有关合同标的(包括变形监测的范围、数量、质量等方面)以及报酬和履约期限等约定上，要根据具体的项目及相关条件(技术及其他约束条件)来进行，以保证合同能够被正常执行，也有利于保证合同双方的权益。具体特点如下：

4.1.1.1 监测范围

变形监测项目有别于其他工程项目，它是针对特定的地理位置和空间范围展开的工作，所以在变形监测合同中，必须明确该项目所涉及的工作地点、具体地理位置、测区边界和所覆盖测区面积等内容，这同时也是合同标的的重要内容之一。除了变形监测范围外，变形监测合同标的中还应包括变形监测内容和变形监测技术依据及质量标准构成等内容，形成对变形监测项目的完整描述。

4.1.1.2 监测内容

监测内容在合同中直接规约受委托方所必须完成的实际变形监测任务，它不仅包括所需开展的变形监测任务种类，还必须包括具体应完成任务的数量(或大致数量)，即明确界定本项目所涉及的具体监测任务，以及必须完成的工作量。监测内容必须用准确简洁的语言加以描述，明确地逐一罗列出所需完成的任务及需提交的成果种类、等级、数量及质量，这些内容也是项目验收及成果移交的重要依据。

4.1.1.3 技术依据和质量标准

与一般的技术服务合同不同，变形监测项目的实施过程和所提交的成果必须按照国家的相关技术规范(或规程)来执行，以完成变形监测生产的过程控制及质量保证。一般情况下，技术依据及质量标准的确定需在合同签订前由当事人双方协商认定；对于未作约定的情形，应注明"按照本行业相关规范及技术规程执行"，以避免出现合同漏洞，导致不必要的争议。另一个内容是约定监测工作开展及其成果的数据基准，包括平面控制基准和高程控制基准。

4.1.1.4 工程费用及其支付方式

变形监测合同中工程费用的计算，应先注明所采用的国家正式颁布的收费依据或收费标准，然后需全部罗列出本项目设计的各项收费分类细项，而后根据各细项的收费单价及其估算的工程量得出细项的工程费用。

费用的支付方式由甲乙双方参照行业惯例协商确定，一般按照工程进度(或合同执行情况)分几段支付，包括首付款、项目行进中的阶段性付款及尾款等几个部分。也可视项目规模的大小不同，将阶段性付款方式更改为一次或多次。阶段性付款的阶段划分一般由甲乙双方约定，可以按阶段性标志性成果来划分，也可以按照所完成工程量的百分比来划分，具体支付方式及支付额度需由双方协商解决。

4.1.1.5 项目实施进度安排

项目进度安排是委托方及监理方监督和评价承接方是否按计划执行项目，是否达到约定的阶段性目标的重要依据，也是阶段性工程费用结算的重要依据。进度安排应尽可能地详细描述，一般应将拟定完成的工程内容罗列出来，标明每项工作计划完成的具体时间，以及与其相应的阶段性成果。对工程内容出现时间重叠和交错的情形，应该按照完成的工程量进行阶段性分割，使项目关联的各方都能做到准确理解及把握，避免产生歧义和分歧。

4.1.1.6 甲乙双方的义务

变形监测项目的完成需要甲乙双方共同协作和努力，双方应尽的义务也必须在合同予以明确陈述。

甲方应尽义务包括：向乙方提交与该变形监测项目相关的资料；完成对乙方提交的技术计划书的审定工作；保证乙方的监测队伍顺利进入现场工作，并对乙方进场人员的工作、生活提供必要的条件；保证工程款按时到位；允许乙方内部使用执行本合同所生产的监测成果，等等。

乙方的义务主要包括：根据甲方的有关资料和本合同的技术要求完成技术设计书的编制，并交甲方审定；组织监测队伍进场作业；根据技术设计书的要求，确保变形监测项目如期完成；允许甲方内部使用乙方为执行本合同所提供的属乙方所有的监测成果；未经甲方允许，乙方不得将本合同标的全部或部分转包给第三方，等等。

在合同中一般还需对各方拟尽义务的部分条款进行时间约束，以保证限期完成或达到要求，从而保障项目的顺利开展。

4.1.1.7 提交成果及验收方式

合同中必须对项目完成后拟提交的监测成果进行详细说明，并注意罗列出成果名称、种类、技术规格、数量及其他需要说明的内容。成果的验收方式须由双方协商确定，一般情况下，应根据提交成果的不同类型进行分类验收；在存在监理方的情况下，验收工作必须由委托方、项目承接方和项目监理方三方共同来完成成果的质量检查及成果验收工作。

4.1.1.8 其他内容

除了上述内容外，合同中还需包括：对违约责任的明确规定；对不可抗拒因素的处理方式；争议的解决方式及办法；测绘成果的版权归属和保密约定；合同未约定事宜的处理方式及解决办法等等。

4.1.2 成本预算

在测绘单位与甲方签订了变形监测合同后，测绘单位的财务部门应根据合同规定的指标、项目施工技术设计书、监测生产定额、测绘单位的承包经济责任制及有关的财务会计资料等编制变形监测项目的成本预算。

4.1.2.1 成本预算的依据

根据测绘单位的具体情况，成本管理可分为三个层次：

第一层次管理的成本是指测绘项目的直接生产费用，包括直接工资、直接材料、折旧费及生产人员的交通差旅费等。

第二层次管理的成本不仅包括测绘项目的直接生产费用，还包括可直接记入项目的相关费用和按规定的标准分配记入项目的承包部门费用。可直接记入项目的相关费用包括项目联系、结算、收款等销售费用、项目检查验收费用、按工资基数计提的福利费、工会经费、职工教育经费、住房公积金、养老保险金等。

第三层次管理的成本包括监测项目应承担的完全成本，要求采用完全成本法进行管理。鉴于会计制度规定采用制造成本法进行成本核算，可在会计核算的成本报表中加入两栏，将可直接记入项目的期间费用和分配记入项目费用，以全面反映和控制项目成本。

4.1.2.2 成本预算的内容

成本预算除了直接的项目实施工程费用外，还包括多项其他的内容(员工他项费用及机构运行成本等)。总的来说，变形监测项目成本预算的主要内容包括以下两个部分：

1. 生产成本

生产成本即直接用于完成特定变形监测项目所需的直接费用，主要包括直接人工费、直接材料费、交通差旅费、折旧费等，实行项目承包(或费用包干)的情形则只需计算直接承包费用和折旧费等内容。

2. 经营成本

除去直接的生产成本外，成本预算还包含维持测绘单位正常运作的各种费用分配，主要包括两大类：(1)员工福利及他项费用，包括按工资基数计提的福利费、职工教育经费、住房公积金、养老保险金、失业保险等分配记入项目的部分；(2)机构运营费用，包括业务来往费用、办公费用、仪器购置、维护及更新费用、工会经费、社团活动费用、质量及安全控制成本等反映测绘单位正常运作的费用分配记入项目的部分。

4.2 项目技术设计与组织

4.2.1 变形监测项目技术设计

变形监测项目是由一组有起止日期的、项目协调的监测活动组成的独特过程，该过程要达到符合包括时间、成本和资源的约束条件在内的规定所要求的目标，且其成果(或产品)可供社会各部门直接使用和流通。

变形监测项目技术设计的目的是制定切实可行的技术方案，保证监测成果(或产品)符合技术标准和满足委托方要求，并获得最佳的社会效益和经济效益。技术设计按照策划、设计输入、设计输出、评审、验证(必要时)、审批的程序进行。变形监测项目技术设计文件为变形监测成果(或产品)的固有特性、生产过程或体系提供规范性依据的文件，主要包括项目设计书、专业技术设计书以及相关的技术设计更改文件。技术设计更改文件是设计更改过程中由设计人员提出并经过评审、验证(必要时)和审批的技术设计文件。

4.2.1.1 技术设计书的主要内容

变形监测项目技术设计分为项目设计和专业技术设计两个部分。项目设计是对变形监测项目进行综合性整体设计，一般由承担项目的法人单位负责编写。专业技术设计是对变形监测专业活动的技术要求进行设计，它是在项目设计的基础上，按照测绘活动内容进行的具体设计，是指导测绘生产的主要技术依据。专业技术设计一般由具体承担相应变形监测专业任务的法人单位负责编写。

1. 技术设计的依据

技术设计依据设计输入内容，充分考虑委托方的要求，引用相关国家、行业或地方的标准或规范。相关标准或规范一经引用，便构成技术设计内容的一部分。

技术设计方案要考虑"先整体而后局部"的原则和未来发展。根据变形监测区域的实际情况，考虑测绘单位的资源条件，对已有的成果(或产品)和资料进行认真分析和充分利用，最终选择最适合的方案。对于外业监测，必要时，应进行实地勘察，并编写踏勘报告。技术设计的方案确定应积极采用新技术、新方法和新工艺。

2. 精度指标设计

技术设计书要明确测绘成果所采用的坐标系、高程基准、时间系统、投影方法和技术等级或精度指标。在精度设计时，应综合考虑采用仪器的精度、监测构件制造误差及环境干扰等影响。

3. 工艺技术流程设计

工艺技术流程设计应说明变形监测项目实施的主要生产过程和过程之间的输入、输出的接口关系。必要时，用流程图或其他形式，清晰、准确地规定出监测工作的主要过程和接口关系。

4. 工程进度设计

工程进度设计应对以下内容做出规定：(1)划分变形监测区域的困难类别；(2)根据设计方案，分别计算统计各工序的工作量；(3)根据统计的工作量和计划投入的生成实力，参照有关生成定额，分别列出年度进度计划和各工序的衔接计划。工程进度设计可以用工程进度图或工程进度表表达。

5. 质量控制设计

工程质量控制设计内容主要包括：

(1)组织管理措施：规定项目实施的组织管理和主要人员的职责和权限；

(2)资源保证措施：对人员的技术能力或培训的要求，对软、硬件装备的需求等；

(3)质量控制措施：规定生成过程中的质量控制环节和产品质量检查、验收的主要要求；

(4)数据安全措施：规定数据安全和备份方面的要求等。

6. 提交成果设计

变形监测项目的提交成果应符合相关的技术标准，满足委托方要求。根据具体测绘成果(或产品)，规定其主要技术指标和规格，一般包括测绘成果(或产品)的类型及形式、坐标系统、高程基准、重力基准、时间系统，数据基本内容、数据格式、数据精度以及其他技术指标等。

4.2.1.2 技术设计书的编写要求

在编写技术设计书之前，承担设计任务的单位或部门的总工程师或技术负责人对变形监测技术设计进行详细的策划，并对整个设计过程进行控制。

1. 收集资料

变形监测项目的技术设计前，应尽可能地收集测区的自然地理概况和已有资料。根据监测项目的具体内容和特点，说明与作业区有关的自然地理概况，如作业区的地形特征、海拔、相对高差等。对于收集到的资料，需说明其数量、形式、主要质量情况(包括已有资料的主要技术指标和规格等)和评价，说明已有资料的利用可能性和方案等。

2. 总体设计

项目设计书的编写应包含以下内容：

(1)概述：包括项目来源、内容和目标、作业区范围，以及行政隶属、任务量、完成期限、项目承担单位和成果(或产品)接收单位等。

(2)作业区自然地理概况和已有资料情况：根据项目的具体内容和特点，说明与监测作业有关的作业区自然地理概况，说明已有资料的数量、形式、主要质量情况(包括已有资料的主要技术指标和规格等)和评价，以及已有资料利用的可能性和利用方案等。

（3）引用文件：说明项目设计书编写过程中所引用的标准、规范或其他技术文件。

（4）成果（或产品）主要技术指标和规格：说明成果（或产品）的种类及形式、坐标系统、高程基准，比例尺、分带、投影方法，分幅编号及其空间单元，数据基本内容、数据格式、数据精度以及其他技术指标等。

（5）软件和硬件配置要求：硬件部分规定对生产过程所需的主要测绘仪器的类型、数量、精度指标，以及对仪器校准或检定的要求、数据处理设备、数据测存储设备、数据传输网络等设备的要求；软件部分规定作业所需的专业应用软件及其他配置。

（6）技术路线及工艺流程：说明项目实施的主要生产过程和这些过程之间输入、输出的接口关系。必要时，应用流程图或其他形式清晰、准确地规定出生产作业的主要过程和接口关系。

（7）技术规定：①基准点和监测点的标志设计、点位布设方案、标石埋设规格、施测方法及其精度要求；②规定变形监测周期和监测要求；③规定数据处理方法、技术公式和统计检验方法等；④规定手簿、记录和计算的要求；⑤其他有关要求（特殊技术要求）和规定，如所采用新技术、新方法、新工艺的依据和技术要求。

（8）上交和归档成果（或产品）及其资料内容和要求：分别规定上交和归档的成果（或产品）内容、要求和数量，以及有关文档资料的类型、数量等，主要包括：①成果数据，规定数据内容、组织、格式、存储介质、包装形式和标识及其上交和归档的数量等；②文档资料。规定需上交和归档的文档资料的类型（包括技术设计文件、技术总结、质量检查验收报告、必要的文档簿、作业过程中形成的重要记录等）和数量等。

（9）质量保证措施和要求。

（10）进度安排和经费预算。

（11）附录：需进一步说明的技术要求和有关设计附图、附表。

3. 技术设计评审、验证和审批

（1）技术设计评审：在变形监测项目技术设计的适当阶段，应对技术设计文件进行评审，以确保达到规定的设计目标。设计评审应确定评审依据、评审目的、评审内容、评审方式以及评审人员等。

（2）技术设计验证：为确保技术设计文件满足输入的要求，必要时，应对技术设计文件进行验证。根据技术设计文件的具体内容，设计验证的方法可选用：①将设计输入要求和相应的评审报告与对应的输出进行比较验证；②实验、模型或使用，根据其结果验证输出符合其输入的要求；③对照类似的变形监测成果（或产品）进行验证；④变换方法进行验证，如采用可替换的计算方法等；⑤其他适用的验证方法。技术设计方案采用新技术、新方法和新工艺时，应对技术设计文件进行验证。验证采用实验、模拟或使用等方法，根据其结果验证技术设计文件是否符合规定要求。

（3）技术设计审批：为确保变形监测成果（或产品）满足规定的使用要求或已知的预期用途的要求，应对技术设计文件进行审批。设计审批的依据主要包括设计输入内容、设计评审和验证报告等。技术设计的审批程序：①技术设计文件报批之前，承担监测任务的法人单位必须对其进行全面审核，并在技术设计文件和产品样品上签署意见并签名（或章）；②技术设计文件经审核签字后，一式二至四份报监测任务的委托单位审批。

4.2.2 变形监测项目组织

项目组织在变形监测项目的整个过程中具有十分重要的作用。组织工作的好坏直接影响项目成本、工期以及质量。在项目组织过程中，首先要对项目的目标进行分解，然后对项目的作业工序进行进一步的分解，在此基础上进行人员和设备的配备。

项目目标与工序分解是将项目合同中所要完成的任务进行细化，达到可操作的程度。变形监测项目目标是在规定工期内完成项目所下达的测绘任务，并保证质量和尽可能地降低成本，这是总体目标。项目目标可以分为工期目标、成本目标和质量目标。项目工序是按照时间序列和工作性质，将项目分解为若干工序，也称子项目。不同的工序可由不同的人员来完成。例如，收集资料一般由项目负责人和前期工作人员来完成；项目技术设计一般由项目技术负责人来完成；监测由专业测量队负责；检查验收工作由专门队伍负责。

人员和设备是完成变形监测项目的两个主要条件，项目要求每个工序都要配备合适的人员和设备。在变形监测项目中，根据配备人员的性质，分为技术人员、管理人员、后勤人员、质量控制人员等，其中技术人员是项目的主要人员。

4.3 成果质量检查验收

4.3.1 检查验收的基本概念

变形监测成果质量的检查验收是指为了评定变形监测项目成果的质量，严格按照相关技术细则或技术标准，通过监测、分析判断和比较，适当结合测量、实验等方法对测绘产品进行的符合性评价。与成果质量检验相关的术语如下：

(1)单位产品：为实施检查、验收而划分的基本单位。

(2)检查批成果：为实施检验而汇集起来的，按同一技术设计要求生产的，具备统一性的单位成果集合。

(3)样本：从检验批中抽取的用于详查的单位产品的全体。

(4)简单随机抽样：从检验批中抽取样本，抽样时使每一个单位产品都能以相同的概率构成样本。

(5)分级随机抽样：从检验批中抽取样本，抽样时先根据单位产品的困难类型(复杂程度)、区域特征、作业方法以及作业组或者生产单位平等的优、良、可等级等诸项因素进行分级，再在每一级进行随机抽样，使每一级的单位产品都能以相同的概率构成样本。

(6)质量元素：产品满足用户要求和使用目的的基本特性，这些元素能予以描述或度量，以便确定对于用户要求和使用目的是否合格。

(7)详查：对样本进行的全面检查。

(8)概查：根据样本中出现的影响产品质量的严重缺陷、较重缺陷和带倾向性问题的轻缺陷，对样本以外的产品所做的检查。

(9)过程检查：作业人员产品上交后，质检人员对产品进行的第一次全面检查。

(10)最终检查：在过程检查基础上，质检人员对产品进行的再一次全面检查。

(11)验收：为判断受检批是否符合要求(或能否被接受)而进行的检验。

（12）错漏：检查项的检查结果与要求存在的差异，可分为 A、B、C、D 四类。其中，A 类：极重要检查项的错漏，或检查项的极严重的错漏；B 类：重要检查项的错漏，或检查项的严重错漏；C 类：较重要检查项的错漏，或检查项的较重错漏；D 类：一般检查项的轻微错漏。

4.3.2 检查验收的基本要求及工作流程

测绘产品检查验收依据包括有关的任务说明、合同书中有关产品质量元素的摘录文件或委托检查验收文件、有关法规和技术标准，以及技术设计书中有关的技术规定等。检查验收的基本要求如下：

（1）变形监测成果的质量元素、权重划分、错漏分类应按 GB/T24356—2009《测绘成果质量检查与验收》的规定执行。

（2）统一受验成果中包含不同类型变形监测成果时，应对不同类型成果分别进行质量检验及质量评定。

（3）变形监测成果应实施过程检查、最终检查，检查比例应为 100%，即对基准网各成果、变形监测各期次成果均应进行检查。验收检查时，应抽取一个监测期次为检验批。

（4）当检验批批量划分为多个批次检验时，各批次分别进行质量检验与质量判定。当各批次批成果质量均判定为合格时，该检验批成果质量判定为合格，否则为不合格。

（5）检验使用仪器应符合计量检定要求，精度指标应不低于规范和设计书对仪器设备精度指标的要求。

（6）检查分详查和概查。详查内容包括：基准网首期次测量成果、样本期次前一次基准网测量成果及检验批成果的数学精度、计算分析、点位整体布设情况、资料整饰质量和资料完整性；基准点、工作基点及样本监测点的监测质量、选点质量和造埋质量。详查之外的内容、资料均属于概查范畴，根据需要，对详查期次外基准网和变形监测各期次成果资料进行概率检查。

（7）检验过程中的质量问题应完整、明确地记录在《检查意见记录表》上。

变形监测成果质量检验的工作流程包括：检验前准备、抽样、成果质量检验（详查、概查）、质量评定、报告编制和资料整理。

4.3.2.1 抽样程序

（1）单位成果总数确定：变形监测单位成果以"点"为单位，单位成果为沉降监测点和水平位移监测点。抽样时，先随机抽取一个观测期次为检验批，再依据项目相关技术文档及成果资料等，确定单位成果总数，成果总数不包含基准点及工作基点。

（2）成果批次及批量确定：当检验批批量大于等于 201 时，应划分检验批次。划分批次时，可根据变形监测点的分布、生产单位、生产方式等情况划分，应使批次数量小，各批次批量均匀。

（3）按不同类型、等级分别确定样本量，具体可按照 GB/T 24356—2009《测绘成果质量检查与验收》的规定执行。

（4）变形监测成果质量检验样本资料由基准网首期次监测成果资料、样本期次前一次基准网测量成果资料和检验批成果资料组成。抽样时，应采用简单随机或分层随机的抽样方式。分层随机抽样应考虑生产单位、生产方式、生产时间等情况。

4.3.2.2 过程检查和最终检查

针对变形监测成果质量，实行过程检查和最终检查。过程检查由生产单位的检查人员承担，最终检查由生产单位的质量管理机构负责实施。各级检查工作必须独立进行，不得省略或代替。

1. 过程检查

只有通过自查、互查的单位成果，才能进行过程检查。过程检查应该逐单位成果详查。检查出的问题、错误，以及复查的结果应在检查记录中记录。对于检查出的错误，修改后应复查，直至检查无误为止，方可提交最终检查。

2. 最终检查

通过过程检查的单位成果，才能进行最终检查，应逐单位成果详查。对外业实地检查项，可抽样检查，样本量不低于表4-1的规定。检查出的问题、错误、复查的结果应在检查记录中记录。最终检查应审核过程检查记录。最终检查不符合的单位成果退回处理，处理后再进行最终检查，直到检查合格为止。最终检查合格的单位成果，对于检查出的错误修改后复查无误，方可提交验收。最终检查完成后，应编写检查报告，随成果一并提交验收。最终检查完成后，应书面申请验收。

表 4-1   **样本量确定表**

批 量	样 本 量
1~20	3
21~40	5
41~60	7
61~80	9
81~100	10
101~120	11
121~140	12
141~160	13
161~180	14
181~200	15
≥201	分批次提交，批次数应最小，各批次的批量应均匀

注：当样本量等于或大于批量时，则全数检查。

4.3.2.3 数学精度检验

数学精度的检验主要采用核查分析和比对分析两种方法。

（1）核查分析：核查监测数据资料、数据处理资料，分析监测数据、起算数据的正确性，检查计算过程各项改正是否符合要求，对照相关技术要求，如项目合同、技术设计书、标准规范等，对平差计算资料、成果表、技术总结、检查报告等样本资料进行检查，认定原成果精度符合性，采用被检成果资料中的精度指标评定数学精度。

（2）比对分析：经过重新平差计算，统计出各项精度指标，并与原成果进行比对，分析原成果精度指标的符合性。重新平差计算的方法及各项精度指标应符合规范和设计书要求。若重新计算，统计结果及原成果精度均应符合规范和设计书要求，采用原成果资料中的精度指标评定数学精度。

4.3.2.4 质量问题处理

验收中发现有不符合技术标准、技术设计书或其他有关技术规定的成果时，应及时提出处理意见，交测绘单位进行改正。当问题较多或性质较重时，可将部分或全部成果退回测绘单位或部门重新处理，然后再进行验收。

经验收判为合格的批，测绘单位或部门要对验收中发现的问题进行处理，然后进行复查。经验收判为不合格的批，要将检验批全部退回测绘单位或部门进行处理，然后再次申请验收。再次验收时应重新抽样。

过程检查、最终检查中发现的质量问题应改正。过程检查、最终检查工作中，当对质量问题的判定存在分歧时，由测绘单位总工程师裁定；验收工作中，当对质量问题的判定存在分歧时，由委托方或项目管理单位裁定。

4.3.3 变形监测质量元素及评分方法

4.3.3.1 变形监测成果的质量元素和检查项目

变形监测成果的质量元素包括数据质量、点位质量、资料质量。

1. 数据质量

(1)数学精度：主要检查基准网精度；水平位移、沉降测量精度。

(2)监测质量：主要检查仪器设备的符合性；规范和设计方案的执行情况；各项限差与规范或设计书的符合情况；监测方法的规范性，监测条件的合理性；成果取舍和重测的正确性、合理性；监测周期及中止监测时间确定的合理性；数据采集的完整性、连续性。

(3)计算分析：主要检查计算项目的齐全性和方法的正确性；平差结果及其他内业计算的正确性；成果资料的整理和整编；成果资料的分析。

2. 点位质量

(1)选点质量：主要检查基准点、监测点布设及点位密度、位置选择的合理性。

(2)造埋质量：主要检查标石类型、标志构造的规范性和质量情况；标石、标志埋设的规范性。

3. 资料质量

(1)整饰质量：主要检查观测、计算资料整饰的规范性；技术报告、检查报告整饰的规整性。

(2)资料完整性：主要检查计算报告、检查报告内容的全面性；提供成果资料项目的齐全性；技术问题处理的合理性。

4.3.3.2 质量评分方法

对变形监测成果的质量评定须遵守数学精度评分方法、质量错漏扣分标准、质量子元素评分方法以及质量元素评分方法。

1. 数学精度平差方法

数学精度按表4-2的规定，采用分段直线内插的方法计算质量分数；多项数学精度评

分时，单项数学精度得分均大于 60 分时，取其算术平均值或加权平均，即

$$M_0 = \pm \sqrt{m_1^2 + m_2^2} \tag{4-1}$$

式中，M_0 为允许中误差的绝对值；m_1 为规范或相应技术文件要求的成果中误差；m_2 为检测中误差(高精度检查时取 $m_2 = 0$)。表 4-2 中，M 为成果中误差的绝对值；S 为质量分数(分数值根据数学精度的绝对值所在区间进行内插)。

表 4-2   数学精度评分标准

数学精度值	质量分数
$0 \leqslant M \leqslant \dfrac{1}{3} \times M_0$	$S = 100$ 分
$\dfrac{1}{3} \times M_0 < M \leqslant \dfrac{1}{2} \times M_0$	90 分 $\leqslant S <$ 100 分
$\dfrac{1}{2} \times M_0 < M \leqslant \dfrac{3}{4} \times M_0$	75 分 $\leqslant S <$ 90 分
$\dfrac{3}{4} \times M_0 < M \leqslant M_0$	60 分 $\leqslant S <$ 75 分

2. 成果质量错漏扣分标准

成果质量错漏扣分标准按表 4-3 执行。

表 4-3   成果质量错漏扣分标准

差错类型	扣分制
A 类	42 分
B 类	$\dfrac{3}{t}$ 分
C 类	$\dfrac{4}{t}$ 分
D 类	$\dfrac{1}{t}$ 分

注：一般情况下取 $t = 1$。需要进行调整时，以困难类别为原则，按《测绘生产困难类型细则》进行调整(平均困难类别 $t = 1$)。

3. 质量子元素评分方法

首先将质量子元素得分预置为 100 分，根据表 4-4 的要求，对相应质量子元素中出现的错漏逐个扣分。S_2 的值按下式计算：

$$S_2 = 100 - \left(a_1 \times \frac{12}{t} + a_2 \times \frac{4}{t} + a_3 \times \frac{1}{t} \right) \tag{4-2}$$

式中，S_2 为质量子元素得分；a_1，a_2，a_3 为质量子元素中相应的 B 类错漏、C 类错漏、D 类错漏个数；t 为扣分值调整系数。

4. 质量元素评分方法

采用加权平均法计算质量元素得分。S_1 的值按下式计算：

$$S_1 = \sum_{i=1}^{n} (S_{2i} \times p_i) \tag{4-3}$$

式中，S_1，S_{2i} 为质量元素、相对质量子元素得分；p_i 为相应质量子元素的权；n 为质量元素中包含的质量子元素个数。

4.4 项目技术总结

4.4.1 变形监测技术总结的基本规定

变形监测项目的技术总结是在完成变形监测任务后，对变形监测技术设计文件和技术标准、规范等的执行情况，技术设计方案中出现的主要技术问题和处理方法，成果(或产品)质量、新技术的应用等进行分析研究、认真总结，并做出的客观描述和评价。变形监测技术总结为用户(或下工序)对成果(或产品)的合理使用提供方便，为测绘单位持续质量改进提供依据，同时也为变形监测技术设计、有关技术标准、规定的定制提供资料。变形监测技术总结是与监测成果(或产品)有直接关系的技术性文件，是长期保存的重要技术档案。

变形监测技术总结分为项目总结和专业技术总结。其中，项目总结是变形监测项目在其最终成果(或产品)检查合格后，在各专业技术总结的基础上，对整个项目所作的技术总结。专业技术总结是变形监测项目中所包含的各测绘专业活动在其成果(或产品)检查合格后，分别总结撰写的技术文档。

对于工作量较小的项目，可根据需要，将项目总结和专业技术总结合并为项目总结。测绘技术总结编写的主要依据包括：①变形监测任务书或合同的有关要求，项目委托方书面或口头要求的记录，市场的需求或期望；②变形监测技术设计文件、相关的法律、法规、技术标准和规范；③变形监测成果(或产品)的质量检查报告；④以往变形监测技术设计、变形监测技术总结提供的信息以及现有生产过程和产品的质量记录和有关数据；⑤其他有关文件和资料。

变形监测技术总结编写要求主要有以下几个方面：

(1)变形监测项目的技术总结由承担项目的法人单位负责编写或组织编写，专业技术总结由具体承担相应监测任务的法人单位负责编写。

(2)编写内容要真实、全面，突出重点。说明和评价技术要求的执行情况时，不应简单抄录设计书的有关技术要求，应重点说明作业过程中出现的主要技术问题和处理方法、特殊情况的处理及其达到的效果、经验、教训和遗留问题等。

(3)文字应简明扼要，公式、数据和图表应准确，名词、术语、符号和记录单位等均应与有关法规和标准一致。

(4)变形监测技术总结的幅面、封面格式、字体与字号应符合相关要求。

(5)技术总结编写完成后，单位总工程师或技术负责人应对技术总结编写的客观性、完整性等进行审查并签字，并对技术总结编写的质量负责。技术总结经审核、签字后，随监测成果(或产品)、变形监测技术设计文件和成果(或产品)检查报告一并上交和归档。

4.4.2 变形监测技术总结的主要内容

变形监测项目的技术总结是在变形监测项目通过最终成果（或产品）的检查合格后，在各专业技术总结的基础上，对整个项目所做的技术总结，由概述、技术设计执行情况、成果（或产品）质量说明和评价、上交和归档的成果（或产品）及其资料清单四个部分组成。

4.4.2.1 概述

变形监测项目技术总结的概述部分需概要说明以下几项内容：

（1）项目的来源、内容、目标、工作量和测区地点、范围，建筑物（构筑物）分布情况及监测条件，标志的特征，项目的组织和实施，专业监测任务的划分、内容和相应任务的承担单位，产品交付与接收情况等。

（2）项目执行情况：说明生成任务安排、作业技术依据与完成情况，统计有关的作业定额和作业率，经费执行情况等。

（3）作业区概况和已有资料的利用情况：包括测量资料的分析与利用、起算数据的名称、等级及其来源等。

（4）资料中存在的主要问题和处理方法。

4.4.2.2 技术设计执行情况

技术设计执行情况的主要内容包括：

（1）说明生成所依据的技术文件，内容包括：①项目设计书、项目所包括的全部专业技术设计书、技术设计更改文件；②有关的技术标准和规范。

（2）说明项目总结所依据的各专业技术总结。

（3）说明和评价项目实施过程中，项目设计书和有关的技术标准、规范的执行情况，并说明项目设计书的技术更改情况（包括技术设计更改的内容、原因的说明等）。

（4）重点描述项目实施过程中出现的主要技术问题和处理方法、特殊情况的处理及其达到的效果等。

（5）说明项目实施中质量保障措施（包括组织管理措施、资源保证措施和质量控制措施以及数据安全措施）的执行情况。

（6）当监测过程中采用新技术、新方法、新材料时，应详细描述和总结其应用情况。

（7）总结项目实施中的经验、教训（包括重大的缺陷和失败）和遗留问题，并对今后生产提出改进意见和建议。

4.4.2.3 监测成果（或产品）质量说明与评价

说明和评价项目最终监测成果（或产品）的质量情况（包括必要的进度统计）、产品达到的技术指标，并说明最终监测成果（或产品）的质量检查报告的名称和编号。具体包括：仪器的名称、型号和检校情况；标志的分布和密度，标志或观测墩的规格及其埋设质量，变形控制网（点）的建立、施测及其稳定性的分析，变形监测点的实测情况，监测周期，计算方式和方法等；重复监测结果的分析比较和数据处理方法；各项限差与实际测量结果的比较等。

4.4.2.4　上交和归档测绘成果(或产品)及资料清单

分别说明上交和归档成果(或产品)的形式、数量等,以及一并上交和归档的资料文档清单。主要包括以下内容:

(1)测绘成果(或产品):说明其名称、数量、类型等,包括变形控制网布设略图、利用已有资料清单、变形监测质量的归纳与分析报告、上交测绘成果清单等。

(2)文档资料:包括项目设计书及其有关的设计更改文件、项目总结、质量检查报告,必要时也包括项目包含的专业技术设计书及其有关的专业设计更改文件和专业技术总结,文档簿(图历簿)以及其他作业过程中形成的重要记录。

(3)其他需上交和归档的资料。

☞ 思考题

1. 变形监测项目合同的主要特点有哪些?
2. 变形监测项目合同订立的甲方和乙方分别承担哪些义务?
3. 变形监测项目技术设计分为哪两个部分?
4. 变形监测项目的技术设计书的主要内容有哪些?
5. 变形监测项目的技术总结包括哪些主要内容?
6. 请简要说明变形监测成果的质量元素。

第5章 基坑工程监测

在城市建设工程中，为进行建(构)筑物基础或地下建(构)筑物施工所开挖形成的地面以下空间，称为基坑。基坑工程是为建立地下结构的施工空间而进行的围护、支撑、降水、加固、挖土和回填等工程的总称。随着城市土地资源的日益短缺和建筑设计施工技术水平的日臻成熟，城市基坑工程在开挖面积和深度上迅速发展，呈现深、密、差、多的特点。深，是指基坑开挖深度越来越深，开挖深度从10m以下发展到20m，甚至30m以上；密，是指基坑四周既有建(构)筑物和市政设施密集，基坑周边环境复杂，风险隐患众多；差指工程地质条件差且基坑施工场地狭小，沿江沿海的经济发达城市尤甚；多，是指基坑支护方法多、变形影响因素多。支护结构类型有支挡式结构(包括锚拉式、支撑式、悬臂式、双排桩、支护结构与主体结构结合的逆作法)、土钉墙结构(包括单一土钉墙、预应力锚杆复合土钉墙、水泥土桩复合土钉墙、微型桩复合土钉墙)、重力式水泥土墙、放坡结构等，变形影响因素有基坑内外土的自重(包括地下水)、周边既有和在建的建(构)筑物荷载、周边施工材料和设备荷载、周边道路车辆荷载、冻胀和温度变化，等等。

在基坑工程施工过程中，由于开挖土体的卸载引起的主要变形包括基坑支护结构的变形、坑底土体的沉降、周围土体的水平位移和沉降、近接建(构)筑物和市政设施的变形。其中，基坑支护结构的变形和周围土体的位移是基坑工程变形监测的重点。

基坑工程变形监测，是指在基坑开挖和地下结构施工过程中对基坑岩土体性状、支护结构变形、近接建(构)筑物和市政设施的变形以及周围环境因素的变化进行监测、分析和结果反馈的工作，以便优化设计调整施工参数，掌控施工质量，及时采取措施确保施工安全。

基坑工程变形监测是保证工程安全、验证设计、调整施工、控制质量的重要技术手段。我国规定开挖深度大于等于5m或开挖深度小于5m但现场地质情况和周围环境较复杂的基坑工程应实施基坑工程监测。基坑工程监测要综合考虑基坑工程设计方案、建设场地的岩土地质条件、周边环境条件、施工方案等因素，制定合理完善的监测方案，采用科学的监测技术实施监测工作。

5.1 监测技术与方法

基坑工程变形监测工作的步骤为：(1)接受监测工程委托，现场踏勘，并与工程设计、建设、施工单位进行技术交底；(2)监测技术设计，制定监测方案；(3)监测点布设与验收，监测仪器设备检定和标定；(4)现场监测的实施；(5)监测数据处理、分析和信息反馈；(6)阶段性监测报告的提交；(7)基坑工程监测结束后，提交完整监测资料，包括基坑工程监测方案、测点布设和验收记录、阶段性监测报告和监测总结报告。

5.1.1 基坑工程监测技术设计

基坑工程监测技术设计是在现场踏勘、资料收集和总结的基础上，经过与设计、建设、施工单位技术交底与交流沟通后完成的。监测技术设计的主要成果是基坑工程变形监测方案。

在基坑工程变形监测技术设计中，需要明确地基基础设计等级和基坑支护结构的安全等级。GB50007—2011《建筑地基基础设计规范》中，将地基基础设计根据地基复杂程度、建筑物规模和功能特征以及由于地基问题可能造成建筑物破坏或影响正常使用的程度，划分为甲级、乙级和丙级三个设计等级，见表5-1。

表 5-1   地基基础设计等级

设计等级	建筑和地基类型
甲级	重要的工业与民用建筑物；30 层以上的高层建筑；体型复杂，层数相差超过 10 层的高低层连成一体建筑物；大面积的多层地下建筑物；对地基变形有特殊要求的建筑物；复杂地质条件下的坡上建筑物；对原有工程影响较大的新建建筑物；场地和地基条件复杂的一般建筑物；位于复杂地质条件及软土地区的二层及以上地下室的基坑工程；开挖深度大于 15m 的基坑工程；周边环境条件复杂、环境保护要求高的基坑工程
乙级	除甲级、丙级以外的工业与民用建筑物或基坑工程
丙级	场地和地基条件简单、荷载分布均匀的 7 层及以下民用建筑及一般工业建筑；次要的轻型建筑物；非软土地区且场地地质条件简单、基坑周边环境条件简单、环境保护要求不高且开挖深度小于 5m 的基坑工程

JGJ120—2012《建筑基坑支护技术规程》中规定，基坑支护应保证基坑周边建(构)筑物、地下管线、道路的安全和正常使用，保证主体地下结构的施工空间。按照影响程度，将基坑支护结构的安全等级划分为一级、二级和三级，见表5-2。

表 5-2   基坑支护结构的安全等级

安全等级	破坏后果
一级	支护结构失效、土体过大变形对基坑周边环境或主体结构施工安全的影响很严重
二级	支护结构失效、土体过大变形对基坑周边环境或主体结构施工安全的影响严重
三级	支护结构失效、土体过大变形对基坑周边环境或主体结构施工安全的影响不严重

在基坑工程设计时，应根据地基基础设计等级和基坑支护结构的安全等级制定基坑工程监测的技术要求，包括监测项目、监测频率、结构变形允许值、监测报警值等内容。

现场踏勘和资料收集阶段主要的工作有：(1)监测委托单位的技术要求；(2)收集工程勘察资料成果、现场气象资料、基坑工程设计资料、施工方案及施工组织设计等技术资料；(3)收集基坑周边环境和近接建(构)筑物、市政设施的使用现状资料，并进行必要的现场测试，取得监测技术设计所需资料；(4)通过现场踏勘，掌握现场实际现状，确定监测项目的可行性。

基坑工程变形监测方案的主要内容有：（1）基坑工程概况；（2）监测的目的和技术依据；（3）监测项目；（4）监测方法、监测实施的要求以及监测精度；（5）基准点、工作基点、监测点的布设和保护；（6）监测开始和结束的时间或条件、监测周期和监测频率；（7）报警制度和应急方案；（8）监测数据处理和信息反馈；（9）监测人员和仪器设备的配备；（10）安全、质量控制和管理制度。

5.1.2 监测项目

GB50202—2002《地基基础工程施工质量验收规范》将基坑工程划分为三级。符合下列情况之一，为一级基坑：（1）重要工程或支护结构做主体结构的一部分；（2）开挖深度大于 10m；（3）与邻近建筑物、重要设施的距离在开挖深度以内的基坑；（4）基坑范围内有历史文物、近代优秀建筑、重要管线等需严加保护的基坑。三级基坑为开挖深度小于 7m，且周围环境无特别要求时的基坑。除一级和三级外的基坑属二级基坑。

基坑工程变形监测主要采用仪器监测和现场巡视检查相结合的方法进行，监测的对象有基坑支护结构、基坑底部和周边土体、地下水、近接建(构)筑物、周边管线和其他市政设施等。监测项目按表 5-3 进行选择。

在基坑工程施工期间，每天应有专人进行巡视检查。巡视检查以目测方法为主，配合锤、钎、尺、放大镜等工具以及摄像设备进行。巡视检查的主要内容有支护结构、施工工况、周边环境和监测设施。其中，支护架构的巡视重点为：（1）支护结构成型质量；（2）冠梁、围檩、支撑有无裂缝出现；（3）支撑、立柱有无较大变形；（4）止水帷幕有无开裂、渗漏；（5）墙后土体有无裂缝、沉陷及滑移；（6）基坑有无涌土、流沙、管涌。周边环境的巡查重点为：（1）周边管道有无破损、泄漏情况；（2）周边建筑有无新增裂缝；（3）周边道路及路面有无裂缝、沉陷。

5.1.3 监测点布设

基坑工程监测点布设在能反映监测体的实际状态和变化趋势的位置上。一般在内力及变形关键特征点上优化选择监测点，并满足监控要求，便于观测。下面介绍基坑工程变形监测点的布设要求。

5.1.3.1 围护墙(边坡)监测

围护墙或边坡顶部的水平位移和沉降监测点沿基坑边依次布设，每边的监测点不少于 3 个，且间距不超过 20m。在基坑每边的中部、阳角处等位置应布设监测点，同时监测深层水平位移。

用测斜仪监测深层水平位移时，测斜管长度应大于围护墙深度，且管底嵌入到稳定的土体中。

围护墙内力监测点布设在受力、变形较大且有代表性的部位。竖直方向监测点布设在弯矩极值处，竖向间距为 2~4m。

5.1.3.2 立柱监测

立柱的沉降监测点一般布设在基坑中部、多根支撑交汇处、地质条件复杂处的立柱上。监测点不少于立柱总根数的5%，逆作法施工的基坑不少于10%，且均不少于3根。

表5-3 基坑工程监测项目

监测项目	基坑类别	一级	二级	三级	监测仪器设备
(一)基坑支护结构					
围护墙(边坡)	顶部水平位移	应测	应测	应测	全站仪、GNSS
	顶部沉降	应测	应测	应测	水准仪、全站仪、静力水准仪
	深层水平位移	应测	应测	宜测	测斜仪、微机械加速度传感器
	内力	宜测	可测	可测	应力应变传感器
立柱	沉降	应测	宜测	宜测	水准仪、全站仪
	内力	可测	可测	可测	应力应变传感器
支护结构内力	支撑内力	应测	宜测	可测	轴力计等应力应变传感器
	锚杆(索)内力	应测	宜测	可测	锚索计等应力应变传感器
	土钉内力	宜测	可测	可测	钢筋应力计等应力应变传感器
(二)基坑底部及周边的土体和水体					
坑底隆起(回弹)		宜测	可测	可测	水准仪、全站仪
围护墙侧向土压力		宜测	可测	可测	土压力计
周边土体沉降	地表沉降	应测	应测	宜测	水准仪
	分层沉降	宜测	可测	可测	水准仪、分层沉降仪
地下水位		应测	应测	应测	水位尺、水位计
孔隙水压力		宜测	可测	可测	孔隙水压计
(三)近接建(构)筑物和市政设施					
周边建(构)筑物	沉降	应测	应测	应测	水准仪、静力水准仪
	倾斜	应测	宜测	可测	水准仪、全站仪、倾斜传感器
	水平位移	应测	宜测	可测	全站仪、GNSS
	裂缝	应测	应测	应测	裂缝监测仪、激光扫描仪
周围地下管线变形		应测	应测	应测	水准仪、全站仪

立柱的内力监测点布设在受力较大的立柱上，位置在坑底以上各层立柱下部的1/3处。

5.1.3.3 支护结构内力监测

支撑内力监测点布设在支撑内力较大或在整个支撑系统中起控制作用的杆件上。每层支撑的监测点不少于3个，各层监测点沿竖截面布设。钢支撑的监测截面选在两支点间1/3处或支撑的端头，混凝土支撑选在两支点间1/3处且避开节点位置。

锚杆内力和土钉内力监测点布设在受力较大且有代表性的位置，例如基坑每边的中部、阳角处、地质条件复杂处。每层锚杆的监测点数量为该层锚杆总数的1%~3%，且不少于3个。

5.1.3.4 基坑底部及周边的土体和水体监测

坑底隆起(回弹)监测点按纵向或横向剖面布设在基坑的中央,剖面数量不少于2个。每个剖面上的监测点不少于3个,间距为10~30m。回弹标志采用钻孔法或探井法埋入基坑底面以下20~30cm。

围护墙侧向土压力监测点布设在受力、土质条件变化较大处,基坑每条边不少于2个监测竖截面。竖向监测点在各分层土体的中部至少布设1个,间距为2~5m,且在下部加密。

基坑周边地表沉降监测点按监测剖面垂直于坑边中部布设,每个剖面上至少5个监测点。土体分层沉降监测孔布设在有代表性的部位,在各层土体上布设竖向监测点,也可以等间距布设。

孔隙水压力监测点在水压力变化影响深度范围内,按土层分布情况布设,竖向间距2~5m,数量不少于3个。

基坑内地下水位监测点的布设要求为:(1)当采用深井降水时,水位监测点布设在基坑中央和两相邻降水井的中间部位;(2)当采用轻型井点、喷射井点降水时,水位监测点布设在基坑中央和周边拐角处。

基坑外地下水位监测点应沿基坑、被保护对象的周边或在两者之间布置,监测点间距为20~50m。相邻建(构)筑物和市政设施密集处应布设水位监测点;如有止水帷幕,则布设在止水帷幕的外侧2m处。

水位监测管的管底应深于最低设计水位或最低允许水位之下3~5m。承压水水位监测管的滤管埋设在所测的承压含水层中。回灌井点观测井应设置在回灌井点与被保护对象之间。

5.1.3.5 近接建(构)筑物和市政设施监测

近接建(构)筑物和市政设施的监测范围是从基坑边缘向外1~3倍基坑开挖深度的范围。基坑周边建筑物沉降监测点布设要求为:(1)建筑四角、沿外墙每10~15m处或每隔2~3根柱基上,且每侧不少于3个;(2)不同地基或基础的分界处;(3)不同结构的分界处;(4)变形缝、抗震缝或严重开裂处的两侧;(5)新、旧建筑或高、低建筑交接处的两侧;(6)高耸构筑物基础轴线的对称部位,每一构筑物不少于4个。

基坑周边建筑水平位移监测点布设在建筑的外墙墙角、外墙中间部位的墙上或柱上、裂缝两侧等处,每侧墙体的监测点不少于3个。倾斜监测点布设在建筑角点、变形缝两侧的承重柱或墙上。

建筑裂缝和地表裂缝监测点一般布设在裂缝的最宽处及裂缝末端,每条裂缝至少布设2个监测点。

地下管线监测点应根据管线修建年份、类型、材料、尺寸及现状情况合理布设,监测点一般布设在管线的节点、转角点和变形曲率较大处,监测点间距为15~25m,并延伸至基坑边缘以外1~3倍基坑开挖深度范围内的管线。

5.1.4 监测方法及精度

基坑工程变形监测应综合考虑基坑类别、设计要求、场地条件和环境条件等因素,制定科学、易行、满足精度要求的监测方法。在监测方法实施的过程中，按照测量员、监测仪器设备、监测路线、监测方法、监测顺序和测试条件"六固定"的原则，以减少监测误差对监测结果的影响。监测项目的初始值在相关施工工序之前测定，并获取至少连续 3 次的满足精度要求的测量稳定值，取其平均值作为初始值。

水平位移监测常采用基准线法、交会法、极坐标法、GNSS 动态监测法、传感器监测法等监测方法。基坑围护墙(边坡)顶部、周边管线、近接建(构)筑物的水平位移监测精度如表 5-4 所示。

表 5-4　　　　　　　　　　　基坑水平位移监测精度要求

水平位移报警值	累计值 D(mm)	$D<20$	$20 \leqslant D<40$	$40 \leqslant D \leqslant 60$	$D>60$
	变形速率 V_D(mm/d)	$V_D<2$	$2 \leqslant V_D<4$	$4 \leqslant V_D \leqslant 6$	$V_D>6$
监测点坐标中误差(mm)		$\leqslant 0.3$	$\leqslant 1.0$	$\leqslant 1.5$	$\leqslant 3.0$

沉降监测常采用水准测量、静力水准、三角高程测量、传感器测量等监测方法。基坑围护墙(边坡)顶部、立柱、基坑周边地表和管线、近接建(构)筑物的沉降监测精度如表 5-5 所示。基坑坑底隆起(回弹)监测的精度要求如表 5-6 所示。

表 5-5　　　　　　　　　　　基坑沉降监测精度要求

沉降报警值	累计值 S(mm)	$S<20$	$20 \leqslant S<40$	$40 \leqslant S<60$	$S>60$
	变形速率 V_S(mm/d)	$V_S<2$	$2 \leqslant V_S<4$	$4 \leqslant V_S \leqslant 6$	$V_S>6$
监测点高程中误差(mm)		$\leqslant 0.15$	$\leqslant 0.3$	$\leqslant 0.5$	$\leqslant 1.5$

表 5-6　　　　　　　　　　基坑坑底隆起(回弹)监测精度要求

坑底隆起(回弹)报警值(mm)	$\leqslant 40$	$40 \sim 60$	$60 \sim 80$
监测点高程中误差(mm)	$\leqslant 1.0$	$\leqslant 2.0$	$\leqslant 3.0$

基坑围护墙或土体深层水平位移监测常采用测斜仪、微机械加速度传感器等监测方法，监测设备的系统精度不低于 0.25mm/m，分辨率不低于 0.02mm/500mm。土体分层沉降监测常采用沉降板法、分层沉降仪法等监测方法，监测精度不低于 1.5mm。

建筑倾斜监测常采用投点法、交会法、差异沉降法、正倒垂线法、激光铅直仪法、倾斜传感器法等监测方法。

裂缝监测常采用千分尺(游标卡尺)、裂缝计、裂缝监测仪、激光扫描仪、超声波测深仪等监测方法。裂缝宽度测量精度不低于 0.1mm，裂缝长度和深度的测量精度不低于 1mm。

基坑支护结构内力、锚杆(土钉)内力、土压力和孔隙水压力监测常采用应力应变传感器法。监测传感器的量程是设计值的 2 倍，精度不低于 0.5%F·S，分辨率不低于 0.2%F·S。

地下水位监测常采用水位尺、水位计等监测方法。地下水位监测精度不低于 10mm。

5.1.5 监测频率及监测报警

基坑工程监测频率应能反映变形体的重要变形过程，且不遗漏其变形时刻。监测期从基坑工程施工前开始，直至地下工程完成、基坑肥槽回填为止。在监测期间，当出现监测数据变化较大、变形速率加快、达到报警值、支护结构开裂、基坑及周边大量积水、市政管线泄漏等异常情况时，应提高监测频率；当监测值相对稳定时，可以适当降低监测频率。基坑工程监测频率可按照表5-7实施。

表 5-7 基坑工程监测频率

基坑类别	施工进度		基坑设计深度（m）			
			≤5	5~10	10~15	>15
一级	开挖深度（m）	≤5	1次/1d	1次/2d	1次/2d	1次/2d
		5~10	—	1次/1d	1次/1d	1次/1d
		>10	—	—	2次/1d	2次/1d
	底板浇筑后时间（d）	≤7	1次/1d	1次/1d	2次/1d	2次/1d
		7~14	1次/3d	1次/2d	1次/1d	1次/1d
		14~28	1次/5d	1次/3d	1次/2d	1次/2d
		>28	1次/7d	1次/5d	1次/3d	1次/3d
二级	开挖深度（m）	≤5	1次/2d	1次/2d	—	—
		5~10	—	1次/1d	—	—
	底板浇筑后时间（d）	≤7	1次/2d	1次/2d	—	—
		7~14	1次/3d	1次/3d	—	—
		14~28	1次/7d	1次/5d	—	—
		>28	1次/10d	1次/10d	—	—

注：基坑支护结构的各道支撑开始拆除到拆除完成后3天内，监测频率为1次/天。基坑类别为三级时，监测频率按基坑工程设计监测技术要求执行。

基坑工程监测报警是在基坑工程设计、地下结构设计和基坑周边监测体的安全控制中设置的一个定量化指标系统，在其允许的范围之内认为工程是安全的，并对周围环境不产生危害影响。监测报警值由监测项目的累计变化量和变化速率共同控制。

确定监测报警值时，要综合考虑基坑工程设计特点、工程地质和周围环境等因素，并根据地基基础设计等级和基坑支护结构的安全等级，在基坑工程设计阶段制定。GB50497—2009《建筑基坑工程监测技术规范》中规定了基坑、支护结构和周边环境监测的最大允许变形量和变化速率的控制值。

5.1.6 监测数据处理与信息反馈

基坑工程监测项目较多，监测仪器、方法和监测数据的种类繁多，现场的监测应针对不同的监测项目使用专用的监测记录表格。监测数据要第一时间处理，及时对监测数据的变化及发展情况进行分析和评述，并按时整理和提交监测结果，形成完善的监测信息反馈机制。

基坑工程监测数据处理后形成的技术成果包括当日报表(日报)、阶段性报告(周报、月报、半年报等)以及总结报告。

当日报表的主要内容有：(1)当日的施工和天气情况；(2)监测项目各监测点的本次测试值、单次变化值、变化速率、累计值等；(3)巡视检查记录，并详细描述发现的异常情况，对危险情况报警表示；(4)各监测项目的监测结论(如正常、异常、危险等)。

阶段性报告的主要内容有：(1)该监测阶段的工程概况；(2)监测项目及测点布置图；(3)各项监测数据的统计及时程曲线图；(4)各监测项目的变形分析、评价及发展预测；(5)对设计和施工的建议。

基坑监测总结报告的主要内容有：(1)工程概况；(2)监测依据；(3)监测项目；(4)基准点、工作基点和监测点的布设；(5)监测仪器设备和监测方法；(6)监测频率；(7)监测报警值；(8)各监测项目全过程的发展变化分析及整体评述；(9)监测工作总结与建议。

5.2　基坑工程变形监测系统

鉴于城市基坑工程深、密、差、多的施工特点，基坑工程监测工作呈现出监测项目多、监测方法多、数据类型多、监测报表多的现象。监测数据和监测信息种类极其丰富，例如施工工况、天气条件、地质情况、支护结构类型、各类设计图和施工图、周围建(构)筑物和市政设施信息、各监测项目和监测点布设信息数据、监测人员信息，以及原始观测数据、处理分析数据、监测成果数据、各类报表和报告，等等。基坑监测的数据形式也很多，包括电子文档、表格、图件、图片、影音资料，等等。监测数据大多以本地文件形式存放，监测数据整理、处理、管理、分析、报告与报警的流程繁琐，时效性差，易差错，且自动化程度不高。结合基坑工程监测的实践和应用研究，我们在北京建筑大学自主设计研制的 CiDeM 监测平台基础上，研发了针对深基坑工程的监测系统。

基于云平台的基坑工程监测系统(CiDeM 监测)以监测数据的流向为业务主线，构建起基坑工程监测数据和全部监测信息的实时采集、存储入库、高效检索、精密计算处理、智能分析报警、信息共享于一身的自动化监测系统。图 5-1 所示是 CiDeM 基坑监测的系统整体框架。

基坑监测系统包括工程管理子系统、数据管理子系统、查询分析子系统和共享分发子系统共四个部分。(1)工程管理子系统包括工程信息管理与人员管理模块，主要实现对基坑工程基本信息、施工情况信息、设计施工图件、监测项目、监测点、监测仪器设备、巡视检查监测和监测人员的管理；(2)数据管理子系统包括数据质检和数据入库模块，实现对各监测项目的观测数据的检查和入库管理；(3)查询分析子系统包括查询分析和监测报警模块，实现工程信息和监测数据的查询、计算处理和分析的功能(图 5-2)，并提供邮件、短信、微信等多种形式的监测报警功能；(4)共享分发子系统包括数据共享和报表管理模块，实现各类满足国家规范标准的报表和自定义报表的输出，监测报告的自动生成，并提供邮件分享和 Web 共享监测成果。

CiDeM 基坑监测系统具备监测数据采集、处理、分析、查询和管理一体化，以及监测成果可视化的功能，如图 5-3 所示。从监测数据的安全性、数据存储和访问的高效性、系统维护便捷性、用户使用的多样性等方面出发，提供了统一规范的互操作平台、远程云端

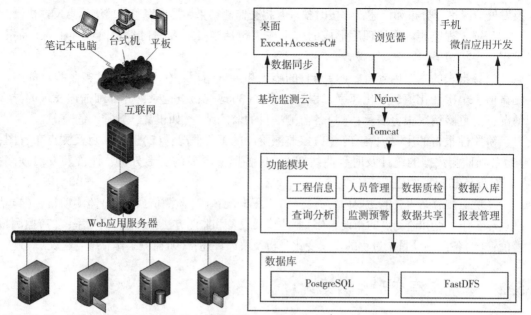

图 5-1 CiDeM 基坑监测系统整体框架

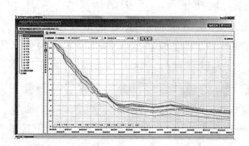

图 5-2 基坑监测系统数据查询分析界面

的数据管理和处理、标准化的服务接口、实时快捷的数据分析，实现各子系统功能模块的互连互通、监测报表的全自动生成、异常情况的多样化报警。

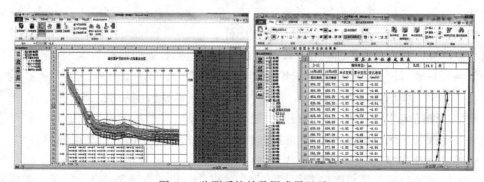

图 5-3 监测系统的数据成果显示

5.3 基坑工程监测案例

5.3.1 工程概况

中国科学院某科研楼建设场地位于北京市朝阳区，建设项目总建筑面积 41000m²。其中地上 13 层，建筑面积 26000m²；地下 3 层，建筑面积 15000m²。建筑控制高度 45m，采用剪力墙结构，筏板基础。基坑最深处达−17.3m。该基坑地处北京市繁华中心，基坑周边建筑物和市政设施密集，西南侧有管线沟一条。

该建设项目地基基础设计等级为甲级，基坑类别为一级，基坑支护结构类型为锚拉支挡式结构，支护结构的安全等级为一级。在基坑施工过程中（如图 5-4 所示），共进行 7 项监测项目，其中重点对基坑围护桩顶水平位移、锚索拉力、周边建筑物沉降进行持续的、高精度的监测。

图 5-4　基坑工程施工现场

5.3.2 基坑工程监测的实施

基坑围护桩桩顶水平位移监测采用 Leica TS02 全站仪（测角精度：1″，测距精度：1+1×10⁻⁶D（mm））自由设站极坐标法进行观测。水平位移监测的工作基点共 6 个，埋设位于基坑四角相对稳定位置，便于观测围护桩桩顶水平位移监测点，且便于和水平位移基准点联测。工作基点采用专用的具有强制对中功能的可拆卸式观测标志，如图 5-5 所示。

基坑围护桩桩顶水平位移监测点采用一体式观测标志，沿基坑边沿布设，间距 15m 左右，共计布设 26 个监测点（如图 5-6 所示），监测点位置如图 5-7 所示。

基坑支撑锚索拉力监测采用美国基康 BGK-408 振弦读数仪（激励范围 400~6000Hz，频率分辨率 0.01Hz，频率精度 0.05Hz，时基精度 0.0025%），BGK-4900 型锚索测力计。基坑支撑锚索拉力共布置了 14 个监测点，如图 5-8 所示。

基坑周边建筑物和市政管线沉降监测采用 Trimble DINI12 数字水准仪（每公里往返测高差中误差≤±0.3mm）水准测量的监测方法。沉降监测基准点共 4 个，采用一等水准测量精度往返测的方法，构成沉降监测基准网。沉降监测点共 42 个（如图 5-9 所示），采用二等水准测量精度附合水准路线单程观测的方法实施观测，沉降监测采用北京地方高程系统，如图 5-10 所示。

图 5-5　基坑围护桩桩顶水平位移监测工作基点

图 5-6　基坑围护桩桩顶水平位移监测

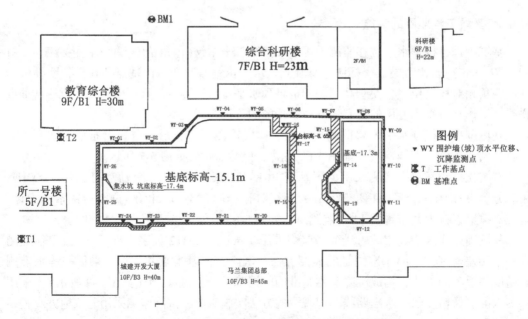

图 5-7　基坑围护桩桩顶水平位移监测点位布设图

图 5-8　基坑支撑锚索拉力监测

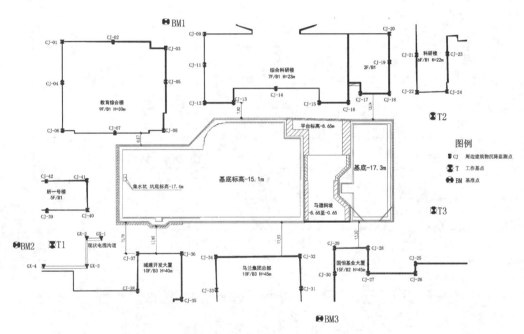

图 5-9　基坑周边建筑物和市政管线沉降监测点位布设图

5.3.3　监测成果分析

基坑桩顶水平位移监测数据采集完成后，经过严密平差计算，得出各监测点的平面坐标。在与上一期各监测点的坐标相比较后，计算出本期位移量、累计变化量、变化速率等水平位移变形数据。图 5-11 所示是监测数据的统计及时程曲线示意图。

基坑支撑锚索拉力监测共进行 25 期观测，直至基坑工程施工结束，锚索拉力计拆除为止。图 5-12 所示是监测数据的统计及时程曲线示意图。

基坑周边建筑物和市政管线沉降监测从基坑开挖前开始，直至地下工程结束、基坑肥

图 5-10　基坑周边建筑物和市政管线沉降监测

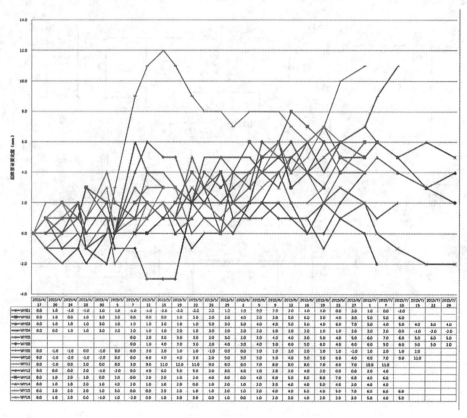

图 5-11　基坑桩顶水平位移监测累计变形曲线图

槽回填、监测体沉降变形处于稳定状态为止，共进行 34 期观测。沉降监测数据采集后，经平差计算处理，与上一期的高程相比较计算出本期沉降量，并计算累计变化量、变化速率等沉降变形数据。沉降监测成果的统计及时程曲线如图 5-13 所示。

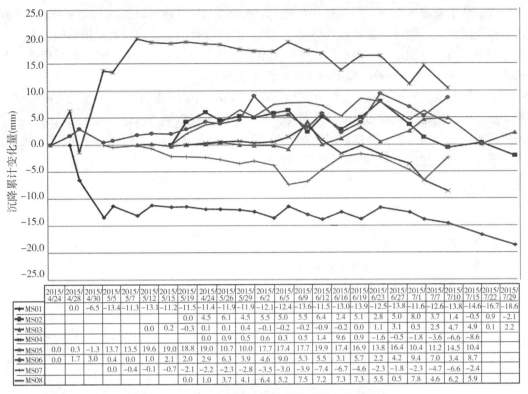

	2015/4/24	2015/4/28	2015/4/30	2015/5/5	2015/5/7	2015/5/12	2015/5/15	2015/5/19	2015/5/24	2015/5/26	2015/5/29	2015/6/2	2015/6/5	2015/6/9	2015/6/12	2015/6/16	2015/6/19	2015/6/23	2015/6/27	2015/7/1	2015/7/7	2015/7/10	2015/7/15	2015/7/22	2015/7/29
MS01		0.0	-6.5	-13.4	-11.3	-13.1	-11.2	-11.5	-11.4	-11.9	-11.9	-12.1	-12.4	-13.6	-11.5	-13.0	-13.9	-12.5	-13.8	-11.6	-12.6	-13.8	-14.6	-16.7	-18.6
MS02								0.0	4.5	6.1	4.5	5.5	5.0	5.5	6.4	2.4	5.1	2.8	5.0	3.7	1.4	0.9	-2.1		
MS03				0.0	0.2	-0.3	0.1	0.1	0.4	-0.1	-0.2	-0.2	-0.9	-0.2	0.0	1.1	3.1	0.5	2.5	4.7	4.9	0.1	2.2		
MS04								0.0	0.9	0.5	0.6	0.3	0.5	1.4	9.6	0.9	-1.6	-0.5	-1.8	-3.6	-6.6	-8.6			
MS05	0.0	0.3	-1.3	13.7	13.5	19.6	19.0	18.8	19.0	10.7	10.0	17.7	17.4	17.7	19.9	17.4	16.9	13.8	16.4	10.4	11.2	14.5	10.4		
MS06	0.0	1.7	3.0	0.4	0.0	1.0	2.1	2.0	2.9	3.9	4.6	9.0	5.3	5.5	3.1	5.7	2.2	4.2	9.4	7.0	3.4	8.7			
MS07			0.0	-0.4	-0.1	-0.7	-2.1	-2.2	-2.3	-2.8	-3.5	-3.0	-3.9	-7.4	-6.7	-4.6	-2.3	-1.8	-2.3	-4.7	-6.6	-2.4			
MS08								0.0	1.0	3.7	4.1	6.4	5.2	7.5	7.2	7.3	7.3	5.5	0.5	7.8	4.6	6.2	5.9		

图 5-12　基坑支撑锚索拉力监测累计变形曲线图

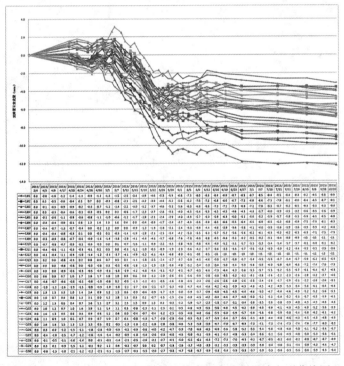

图 5-13　基坑周边建筑物和市政管线沉降监测累计变形曲线图

在基坑工程施工期间，每天有专人进行巡视检查。巡视检查以目测方法为主，配合钢尺、激光测距仪、钢钎等工具和数码相机进行。巡视检查的主要内容有支护结构、施工工况、周边环境和监测设施。在整个巡视监测期间，共发现监测点破坏、支护结构裂缝、渗水等异常现象12次，均及时报警和采取处理措施。

基坑工程变形监测从基坑施工开挖前开始，直到地下结构施工完成、基坑肥槽回填完毕为止。由基坑施工造成的风险完全消除，结束基坑工程监测。综合基坑施工情况和各监测项目的监测数据分析，基坑监测达到了基坑安全施工、优化设计参数、控制施工质量，且有效保证周边建(构)物和市政设施安全的目标。

☞ **思考题**

1. 为什么要进行基坑工程变形监测？
2. 简述基坑工程变形监测工作的实施步骤。
3. 基坑工程监测方案的主要内容有哪些？
4. 简述基坑工程施工监测的对象。
5. 基坑工程监测报警值是怎么确定的？
6. 基坑监测总结报告由哪些主要内容构成？

第6章　建筑物工程监测

随着我国社会与经济的发展，城市化进程迅速加快，城市人口的总量和密度在不断增加。虽然采取扩大城市规模、集约化开发土地、建筑功能集成化等措施，但城市内可供利用的土地面积依然在逐年减少。解决难题的方法之一是城市建筑的"上天"和"扩容"，即城市建筑更高、体量更大。我国每年开工建设的超高层建筑有几十项，目前已建成或正在建设的超高层建筑有450m的南京紫峰大厦、492m的上海环球金融中心、528m的北京中国尊、632m的上海中心大厦、660m的深圳平安国际金融中心，等等。城市建筑的发展传承文明，凝聚了世人的才华，象征着中国城市的垂直腾飞。城市建筑的体量增大、结构复杂、造型标新立异导致建筑工程施工难度大，存在极大的施工风险。在施工和运营过程中，对城市建筑实施变形监测，是确保施工与运营安全的重要保障，是全面反馈和监控城市建筑的设计和施工质量的重要手段。

在建筑物建设过程中，地基受到不断增加的垂直荷载，导致地基及其周围土体的变形。同时，建筑物自身结构也受到各种荷载和环境变化的影响，从而建筑物发生沉降、水平位移、倾斜、压缩、挠曲等变形现象。

建筑物变形监测是对建筑物的地基、基础、上部结构及其场地受各种作用力和环境影响而产生的形状或位置变化进行观测，并对观测结果进行处理和分析的工作。建筑物变形监测能准确反映建筑结构、基础和场地在静(动)荷载及环境等因素影响下的变形程度和变形趋势，在建筑施工过程中保证施工安全、正确指导施工、控制施工质量，并为基础与结构设计反馈信息。

JGJ8—2007《建筑变形测量规范》中规定了建筑物在施工及运营期间应进行变形监测的范围：(1)地基基础设计等级为甲级的建筑；(2)复合地基或软弱地基上的设计等级为乙级的建筑；(3)加层、扩建建筑；(4)受邻近深基坑开挖施工影响或受场地地下水等环境因素变化影响的建筑；(5)需要积累经验或进行设计反分析的建筑。

6.1　监测技术与方法

建筑物变形监测分为施工期间的工程监测和使用期间的运营监测。一般将工程监测和运营监测统筹考虑，其中，重点是建筑物工程监测。

建筑物工程监测工作的步骤为：(1)接受监测工程委托，明确监测内容，现场踏勘，并和工程设计、施工单位技术交底；(2)进行监测技术设计，制定监测方案；(3)现场监测的实施；(4)监测数据处理、分析和信息反馈；(5)监测报告的提交。

6.1.1　建筑物工程监测技术设计

建筑物工程监测技术设计是根据建筑地基基础设计的等级和要求、变形类型、监测目的、任务要求以及测区条件进行监测方案设计，确定变形监测的项目、精度级别、基准点与监测点布设位置、监测周期、监测方法、监测数据处理、监测成果内容等。监测技术设计的主要成果是建筑物工程监测方案。

建筑物工程监测项目包括：形态与性态监测、应力应变监测、环境及效应监测和巡视检查。其主要项目有：建筑场地、基础和结构的沉降监测，建筑水平位移监测，建筑主体倾斜监测，裂缝和挠度监测，压缩变形监测，日照、风振等动态变形监测。监测项目和常用监测仪器设备如表 6-1 所示。

表 6-1　　　　　　　　　　建筑物工程监测项目和监测仪器设备

	监测项目	监测仪器设备
形态与性态监测	沉降监测	水准仪、全站仪、静力水准仪
	水平位移监测	全站仪、GNSS
	倾斜监测	水准仪、全站仪、激光铅垂仪、正倒垂线、倾斜传感器
	压缩监测	水准仪、收敛计、位移传感器
	挠度监测	水准仪、全站仪、挠度计、位移传感器、光纤传感器
	裂缝监测	千分尺(游标卡尺)、裂缝计、裂缝监测仪、激光扫描仪、超声波测深仪
	动态变形监测	测量机器人、GNSS、激光测振仪、图像识别仪、GBInSAR、位移传感器、加速度传感器
应力应变监测		电阻式、振弦式、光纤式应力应变传感器
环境及效应监测	温湿度监测	温湿度传感器
	风及风致响应监测	风速仪、风压计、风压传感器
	腐蚀监测	电化学传感器、腐蚀传感器
巡视检查		目测、锤、钎、量尺、放大镜、摄像设备

建筑物监测的级别、精度指标及适用范围的要求如表 6-2 所示。

表 6-2　　　　　　　　　建筑物监测的级别、精度指标及适用范围

级别	沉降监测 监测点测站高差中误差(mm)	水平位移监测 监测点坐标中误差(mm)	主要适用范围
特级	±0.05	±0.3	特高精度要求的特种精密工程的变形监测
一级	±0.15	±1.0	地基基础设计为甲级的建筑、重要的古建筑和市政设施等变形监测

112

级别	沉降监测	水平位移监测	主要适用范围
	监测点测站高差中误差（mm）	监测点坐标中误差（mm）	
二级	±0.5	±3.0	地基基础设计为甲、乙级的建筑、大型市政设施等变形监测
三级	±1.5	±10.0	地基基础设计为乙、丙级的建筑、中小型市政设施等变形监测

6.1.2 沉降监测

建筑沉降监测主要进行建筑场地沉降、地基沉降、基础沉降和上部结构沉降的监测工作。对于深基础建筑和高层建筑的沉降监测，一般从基础施工时开始。沉降监测的级别和精度要求主要由建筑物的规模和性质、沉降变形的大小和速率等综合确定。

6.1.2.1 建筑场地沉降监测

建筑场地沉降监测是对建筑物施工影响范围内的地基沉降和场地地面沉降进行监测工作。建筑场地沉降监测一般采用水准测量法施测。建筑场地沉降监测点的布设要求如下：

（1）地基沉降监测点布设：地基沉降监测点布设在建筑基础深度的 1.5~2.0 倍的距离范围内，按照建筑物纵横轴线、边线的延长线布设，或者选在通过建筑物重心的轴线延长线上。监测点由建筑外墙起，向外由密到疏布设，距离基础最远的监测点应选在沉降量为零的沉降临界点以外。

（2）场地地面沉降监测点布设：场地地面沉降监测点布设在地基沉降监测点布设线路之外的地面上，按照平行轴线方格网法、沿建筑四角辐射网法或散点法等形式均匀布设。

建筑场地沉降监测的成果包括：技术报告、场地沉降监测成果表、监测点点位布设图、地基沉降的距离-沉降曲线图、场地地面等沉降曲线图。

6.1.2.2 地基沉降监测

地基沉降监测是对建筑地基内部各分层土体的沉降监测，主要测定地基分层土的沉降量、沉降速度以及有效压缩层厚度。地基沉降监测点布设在建筑地基中心附近 2m×2m 或各点间距不大于 50cm 的范围内，沿铅垂线方向上的每一层土体内均布设一个监测点。最浅的监测点位于基础底面下 50cm 以下处，最深的监测点位于超过压缩层理论厚度处或砾石（岩石）层上。

地基沉降监测常采用分层沉降仪法施测，沉降管顶部高程采用水准测量法监测。监测从基坑开挖后基础施工前开始，直到建筑竣工后沉降稳定时为止。地基沉降监测成果包括：技术报告、地基土分层沉降监测成果表、分层标点位布设图、各土层荷载-沉降-深度曲线图。

6.1.2.3　建筑物结构沉降监测

建筑物结构沉降监测主要测定建筑物沉降变形的沉降量、沉降差、沉降速度等，并根据需要，计算基础倾斜、局部倾斜、相对弯曲及构件倾斜等。建筑物结构沉降监测常采用水准测量法、全站仪三角高程法、液体静力水准法施测。

1. 沉降监测点布设

沉降监测点的布设按照能全面反映建筑物主体结构沉降变形特征，并结合地质情况及建筑结构特点的原则进行。沉降监测点一般布设在建筑物的下列位置：

（1）建筑物的四角、核心筒四角、大转角等主要墙角处，沿外墙每10~20m处或每隔2~3根柱基上。

（2）高低层建筑物、新旧建筑物、纵横墙等交接处的两侧。

（3）建筑裂缝、后浇带、沉降缝或伸缩缝的两侧，基础埋深相差悬殊处，人工地基与天然地基接壤处，不同结构的分界处及填挖方分界处。

（4）对于宽度大于等于15m或小于15m而地质复杂以及膨胀土地区的建筑，在承重内隔墙中部设内墙点，并在室内地面中心及四周设地面点。

（5）邻近堆置重物处、受振动显著影响的部位及基础下的暗浜处。

（6）框架结构建筑的每个或部分柱基上或沿纵横轴线上。

（7）筏形基础、箱形基础底板或接近基础的结构部分的四角和中部位置。

（8）重型设备基础和动力设备基础的四角、基础形式或埋深改变处以及地质条件变化处两侧。

（9）对于塔形、烟囱、油罐、高炉等高耸建筑，沿周边与基础轴线相交的对称位置上。

沉降监测标志根据不同的建筑结构类型和建筑材料，采用墙（柱）标志、基础标志和隐蔽性标志等形式。常见的监测标志有角钢式（图6-1）、圆钢式（图6-2）、L形钢筋式（图6-3）、隐蔽式（图6-4）等标志。各类标志的立尺部位一般加工成半球形或有明显的凸起，并涂上防腐剂。

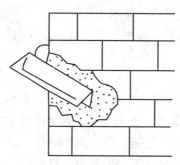

图6-1　角钢式监测标志

2. 沉降监测周期

沉降监测周期主要根据监测目的、实际荷载变化情况和沉降速度等因素具体分析确定，按照监测方案组织实施。建筑物工程沉降监测一般在基础或地下室完工后开始监测，大型或高层建筑在基础垫层或基础底部完成后开始监测。

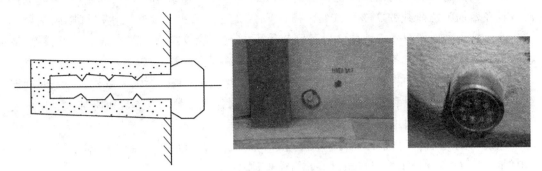

图 6-2 圆钢式监测标志

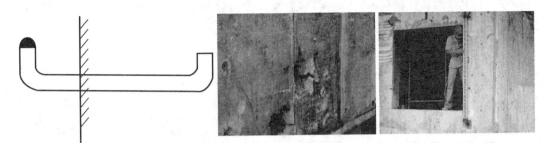

图 6-3 L形钢筋式监测标志

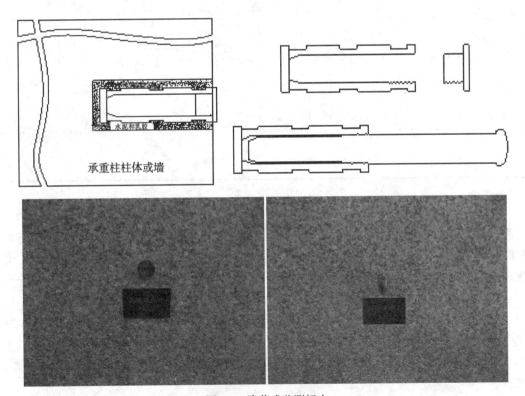

图 6-4 隐蔽式监测标志

监测次数与间隔时间根据地基与加荷情况而定。民用建筑一般每加高 1~5 层监测一次，且在增加为总荷载的 25%、50%、75%、100% 时，加测一次。工业建筑按照回填基坑、安装柱子和屋架、砌筑墙体、设备安装等不同施工阶段实施监测。施工中若暂停工，在停工时和重新开工时各监测一次，停工期间每隔 2~3 月监测 1 次。

在沉降监测过程中，若有基础附近地面荷载突然增减，基础周围大量积水，长时间连续降雨，或出现沉降量和沉降速率异常变化、变形量达到报警值、差异沉降加大、出现裂缝加大的情况，应及时增加监测次数或调整监测方案。

建筑物封顶后，每隔 3 个月监测 1 次。如果最后 100 天的沉降速率小于 0.01 ~ 0.04mm/d，建筑物处于稳定状态，终止沉降监测。

3. 沉降监测数据处理

每周期沉降监测数据获取后，及时对监测数据进行处理，计算得到监测点的沉降量、沉降速率、累计沉降量等。表 6-3 是建筑物沉降监测报表。

表 6-3　　　　　　　　　　　　　建筑物沉降监测报表

第　次　　　　　　　　　　　　　　　　共　页

工程名称：　　　　　　测试仪器：　　　　　　　　　　　　天气：

测试者：　　　　　　　测试日期：　　　　　　　　　　　　计算者：

点号	初始高程（m）	本次高程（m）	上次高程（m）	本次变化量（mm）	累计变化量（mm）	变化速率（mm/d）	备注
	①	②	③	④	⑤	⑥	
说明			监测点布设图				
工况							

项目负责人：　　　　　　　　　　　监测单位：

在表 6-3 中，初始高程①是监测点高程的初始值；本次高程②是本期沉降监测得到的监测点高程值；上次高程③是上一期沉降监测报表的②；本次变化量④是本周期监测点的沉降量，用公式(6-1)计算。累计变化量⑤是截至本期监测，监测点总体的沉降变化；变化速率⑥是本周期监测点沉降速率，用公式(6-2)计算。

$$④ = ② - ③ \tag{6-1}$$
$$⑥ = ④ \div T \tag{6-2}$$

式中，T 为监测周期，即上一期和本期沉降监测的时间间隔。

根据沉降监测，可以得到基础或构件的倾斜和弯曲度。基础或构件的倾斜用倾斜度 α 表示。

$$\alpha = \frac{S_A - S_B}{L} \tag{6-3}$$

式中，S_A 和 S_B 分别是基础或构件倾斜方向上 A、B 两点的沉降量；L 是 A、B 两点间的距离。

基础相对弯曲度 f_C 用下式计算：

$$f_C = \frac{2S_C - S_A - S_B}{L} \tag{6-4}$$

式中，S_C 为基础中点的沉降量；S_A 和 S_B 分别是基础两个端点 A、B 的沉降量；L 为 A、B 两点间的距离。

沉降监测提交的成果有沉降监测技术报告，工程平面位置图，基准点、监测点位置图沉降监测成果表，时间-荷载-沉降量曲线图，等沉降曲线图，等等。

6.1.3　水平位移监测

由于工程情况、监测目的和监测环境的差异性，建筑物水平位移监测可采用基准线法、交会法、极坐标法、激光准直法、投点法、测斜法、正倒垂线法、GNSS 法、激光扫描法、近景摄影测量法、地基 InSAR 法、位移传感器法等多种监测方法。

建筑物水平位移监测点一般布设在建筑物墙角、柱基、轴线及其平行线、裂缝两侧等处。水平位移监测周期的确定可分为两种情况：对于不良地基土地区的监测，监测周期和沉降监测保持一致；对于受基础施工扰动影响或穿越隧道施工影响的监测，根据扰动工程的施工进度，每天 1 次或每 2~3 天 1 次，直至扰动工程施工结束。

6.1.4　倾斜监测

建筑主体倾斜监测主要测定建筑物顶部监测点相对于底部固定点或上层相对于下层监测点的倾斜度、倾斜方向及倾斜速率。例如，沿建筑主体竖直线方向设置上下两个监测点，通过测量，可以获得上下两个监测点的水平距离 D 和高差 h，则两监测点连线的倾斜度 $i = \tan\theta = D/h$，其中 θ 为倾斜角。建筑主体倾斜监测的方法可分为外部监测法、内部监测法和传感器法。对于刚性建筑物的整体倾斜，可以通过测定结构顶面或基础的差异沉降来间接确定。

（1）外部倾斜监测法就是用测绘仪器设备从建筑物外部进行倾斜监测，测站点常选在垂直于倾斜方向距照准目标 1.5~2 倍目标高度的固定位置。常用的外部倾斜监测方法有全站仪投点法、测水平角法、前方交会法、激光扫描仪法、GNSS 法和近景摄影测量法等。

（2）内部倾斜监测法就是用测绘仪器设备从建筑物内部竖向通道进行主体倾斜监测。测站点常选在竖向通道底部中心点。常用的内部倾斜监测方法有激光铅直仪法、激光位移计法、正倒垂线法等。

（3）传感器倾斜监测法就是用传感器设备进行建筑物主体倾斜测量。常用的传感器有倾角计和倾斜仪。

（4）差异沉降法通常采用水准测量法和液体静力水准法测量主体倾斜。

6.1.5　挠度监测

建筑物挠度监测主要测定建筑基础、主体，以及墙、柱、梁等独立构筑物的挠度值。

建筑基础挠度监测沿基础的轴线或边线布设监测点,用水准测量或液体静力水准测量的方法测定挠度值。建筑主体挠度监测沿建筑竖向垂线,在各不同高度或各层处布设监测点,用水平位移监测方法测定挠度值。独立构筑物挠度监测一般采用挠度计或位移传感器测定挠度值。

如图 6-5 所示,挠度值 f_d 用公式(6-5)计算。如果 A 和 B 是结构的两个节点,C 是 AB 的中点,则 f_d 为跨中挠度值。

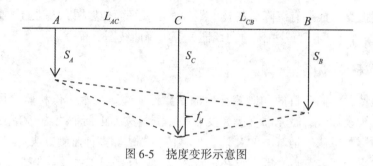

图 6-5　挠度变形示意图

$$f_d = (S_C - S_A) - \frac{L_{AC}}{L_{AC} + L_{CB}}(S_B - S_A) \tag{6-5}$$

式中,S_A、S_B、S_C 分别为结构上 A、B、C 各监测点的沉降(位移)量;L_{AC} 和 L_{CB} 分别为 AB 的距离和 CB 的距离。

挠度监测成果提交的主要图表有挠度监测成果表、挠度监测点位布设图、挠度曲线图。

6.1.6　裂缝监测

裂缝监测是测定建筑物上裂缝变化情况的工作。建筑物裂缝的产生往往与施工材料、施工工艺、差异沉降等因素有关,因此,在裂缝监测时,一般同期进行沉降监测,以便于综合分析,找出裂缝的成因,并及时采取相应措施。建筑物裂缝监测主要测定建筑物上裂缝分布位置、裂缝的走向、长度、宽度、深度及其变化情况。当发现建筑物裂缝时,首先对裂缝进行编号,然后布设裂缝监测标志,每条裂缝至少应布设两组监测标志,其中一组在裂缝最宽处,另一组在裂缝末端。每组监测标志均成对布设于裂缝的两侧。

裂缝监测的方法主要有千分尺(游标卡尺)、裂缝计、裂缝监测仪、激光扫描仪、超声波测深仪等。每次监测时分别观测裂缝的位置、走向、宽度、长度和深度等,并附上照片资料。

裂缝监测的周期按照裂缝变化速度来确定,开始时 1 周至半个月测 1 次,以后 1 月测 1 次。如果裂缝加大,则增加监测次数。裂缝宽度测量精度不低于 0.1mm,裂缝长度和深度的测量精度不低于 1mm。

6.1.7　日照监测

由于建筑物所处的空间位置不同,且建筑高度、结构、材料、形状,以及所受阳光照射的时间、方位、高度等存在广泛差异化,建筑物因日照产生的变形千差万别。例如 405m 的北京电视塔,一昼夜之间的变形值达 30mm 以上;310m 的长沙 A1 办公楼的建筑顶部的位移不到 10mm。

日照监测常选在高耸建筑或单柱受强阳光照射或辐射的过程中进行，主要测定建筑或单柱上部由于向、背阳面温差引起的偏移量及其变化规律。日照监测方法主要有全站仪投点法、交会法、测水平角法、GNSS 法、正倒垂线法、激光铅垂仪法、加速度计传感器法等。日照变形监测一般选在夏季的高温天进行。观测从日出前开始，每隔 1 小时监测一次，日落后停止。在每次观测时，测定风速、风向，以及向、背阳面温度。

日照监测主要提交的图表有日照监测成果表、日照监测点位布设图、日照变形曲线图。

6.1.8 风振监测

高层建筑物在风荷载作用下会产生摆动，风振监测是在高层建筑物受强风作用的时间段内同步测定建筑物顶部风速、风向、墙面风压和顶部水平位移。风振监测是验证和优化建筑物结构风荷设计的重要手段。对风敏感的建筑结构要进行风及风致响应监测。风及风致响应监测参数包括风压、风速、风向、风致振动响应等；对桥梁结构，还要测定风攻角。

风压监测用风压计，精度不低于 10Pa。在建筑不同高度的迎风面与背风面外墙上，对应布设风压计，自动测定风压分布和风压系数。

风速和风向监测用风速仪，风速监测精度不低于高于 0.1m/s，风向监测精度不低于 3°。在建筑物顶部设置风速仪，测定脉动风速、平均风速及风向；在距离建筑物 100~200m、高度 10~20m 处设置风速仪，测定平均风速。

建筑物顶部水平位移常采用自动监测的方法，例如正倒垂线、GNSS、拾振器、位移传感器、加速度传感器等方法。

6.1.9 监测成果提交

建筑物工程监测成果实行两级检查、一级验收制度。建筑物工程监测在完成数据采集、记录检查、平差计算和处理分析后，按周期提交监测报表。当全部监测工作完成后，提交全部监测成果。建筑物工程监测成果主要有监测技术设计书，监测工程的平面位置图，基准点、监测点的点位分布图，监测标志的规格和埋设图，监测数据成果以及质量评定资料，变形过程曲线图表，技术报告。

6.2 超高层建筑变形监测系统

超高层建筑具有体量宏大、施工工艺复杂、施工环节多、施工周期长的特点，对变形监测提出了极高的要求。笔者在工程实践和应用研究的基础上，自主设计研发了超高层建筑变形监测系统(CiDeM 超高层建筑监测)，实现了对超高层建筑施工和运营的一体化监测管理。

CiDeM 超高层建筑监测系统是基于云平台设计，实现全部工程数据资料的安全、网络、无缝化管理，监测数据远程全自动平差计算，并提供建筑施工形态实时全景展示、智能变形分析、风险"侦察"和自动报警，为施工提供有效的指导与参考。

该系统由资料管理、施工监测、形态检测、在线监测、综合分析和成果报表共 7 个子系统组成。以监测数据流向为业务主线，通过自适应的数据管理、数据处理和智能分析机制，构建了监测数据采集、规范化整理、数据平差解算、精度评定、存储入库、综合分析、成果输出、信息共享的"多功能+全自动"监测系统。图 6-6 所示是 CiDeM 超高层建筑监测系统的整体架构。

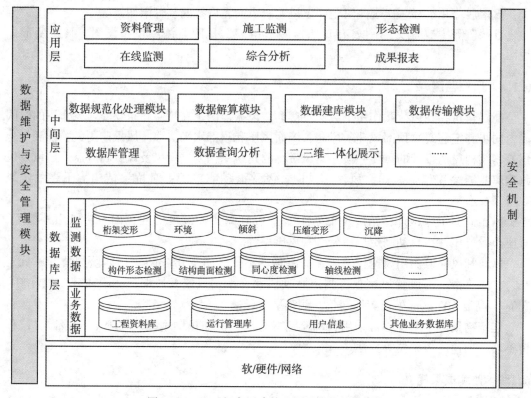

图 6-6　CiDeM 超高层建筑监测系统的整体架构

超高层建筑变形监测系统完全实现施工监测全景化(如图 6-7 所示)，测量员在手机端装上 APP，即可实现全部基准点和监测点的"管、寻、控"功能，并协助完成巡视检查工作。系统具备了超高层建筑工程监测的全部监测项目，例如核心筒和钢构的沉降监测、桁架的卸载变形监测(如图 6-8 所示)、倾斜监测、压缩变形、动态监测，等等。超高层建筑变形监测系统的各子系统功能模块无缝连接，具备监测数据采集、处理、分析、查询和管

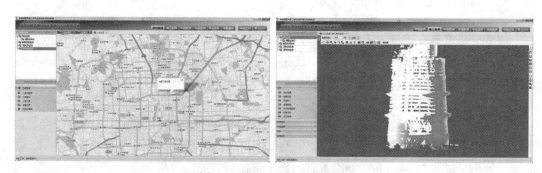

图 6-7　施工监测全景化管理

120

理一体化，以及监测成果可视化的功能。

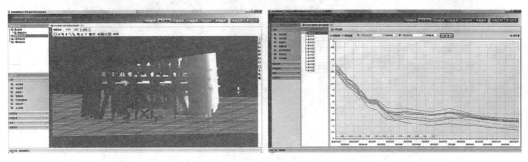

图6-8　监测成果显示

6.3　建筑工程监测案例

6.3.1　工程概况

中国科学院某建设项目包含 A、B 号科研楼，项目总建筑面积为 41000m²，其中地上建筑面积 26000m²，地下建筑面积 15000m²。科研楼分为 A 号建筑（西侧）和 B 号建筑（东侧），地上 13 层，采用剪力墙结构，筏板基础。按照建筑设计要求，从建筑地上 1 层施工完成后对该建筑进行沉降监测。

6.3.2　监测的实施

根据 GB 50007—2011《建筑地基基础设计规范》和 JGJ 8—2007《建筑变形测量规范》，该建筑监测的级别为二级，主要进行沉降监测。

沉降监测采用水准测量的方法实施，监测仪器采用 Trimble DINI12 数字水准仪（每公里往返测高差中误差≤±0.3mm）及条码铟钢尺。沉降监测基准点共 4 个（BM1、BM2、BM3、BM4），均设在距施工现场 80m 以外的稳定区域。采用一等水准测量精度往返测的方法联测 4 个基准点构成沉降监测基准网。沉降监测点共 16 个（如图 6-9 所示），采用二等水准测量精度附合水准路线单程观测的方法实施观测，沉降监测采用北京地方高程系统，如图 6-10 所示。按照建筑物每加高 1 层监测一次，在为期 1 年的施工期内，共观测了 21 次。

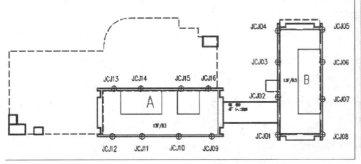

图6-9　建筑物沉降监测点位布设图

图 6-10　建筑物沉降监测

6.3.3　监测成果分析

建筑物沉降监测从地上 1 层施工时开始，直到建筑物沉降变形处于稳定状态为止，共进行 21 期监测。沉降监测数据采集后，经过平差处理，计算得到沉降变化量、累计变化量、变化速率等沉降变形数据。沉降监测成果的统计及时程曲线如图 6-11 所示。

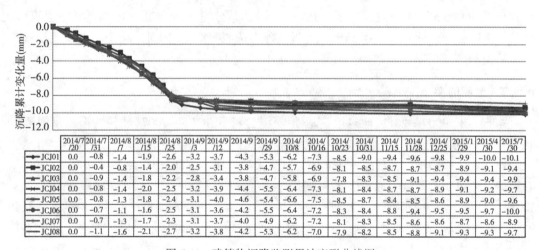

	2014/7/20	2014/7/31	2014/8/7	2014/8/15	2014/8/25	2014/9/3	2014/9/12	2014/9/20	2014/9/29	2014/10/8	2014/10/16	2014/10/23	2014/10/31	2014/11/15	2014/11/28	2014/12/25	2015/1/29	2015/4/30	2015/7/30
JCJ01	0.0	-0.8	-1.4	-1.9	-2.6	-3.2	-3.7	-4.3	-5.3	-6.2	-7.3	-8.5	-9.0	-9.4	-9.6	-9.8	-9.9	-10.0	-10.1
JCJ02	0.0	-0.4	-0.8	-1.4	-2.0	-2.5	-3.1	-3.8	-4.7	-5.7	-6.9	-8.1	-8.5	-8.7	-8.9	-9.1	-9.4	-9.1	-9.4
JCJ03	0.0	-0.9	-1.4	-1.8	-2.2	-2.8	-3.4	-3.8	-4.7	-5.8	-6.9	-7.8	-8.3	-8.5	-9.1	-9.4	-9.4	-9.4	-9.9
JCJ04	0.0	-0.8	-1.4	-2.0	-2.5	-3.2	-3.9	-4.4	-5.5	-6.4	-7.3	-8.1	-8.4	-8.7	-8.7	-8.9	-9.1	-9.2	-9.7
JCJ05	0.0	-1.3	-1.8	-2.4	-3.1	-4.0	-4.6	-5.4	-6.6	-7.5	-8.5	-8.7	-8.4	-8.5	-8.6	-8.9	-9.0	-8.9	-9.6
JCJ06	0.0	-0.7	-1.1	-1.6	-2.5	-3.1	-3.6	-4.2	-5.5	-6.4	-7.2	-8.3	-8.4	-8.8	-9.4	-9.5	-9.5	-9.5	-10.0
JCJ07	0.0	-0.7	-1.3	-1.7	-2.3	-3.1	-3.7	-4.0	-4.9	-6.2	-7.2	-8.1	-8.3	-8.5	-8.6	-8.6	-8.7	-8.6	-8.9
JCJ08	0.0	-1.1	-1.6	-2.1	-2.7	-3.2	-3.8	-4.2	-5.3	-6.2	-7.0	-7.9	-8.2	-8.5	-8.8	-9.1	-9.3	-9.3	-9.7

图 6-11　建筑物沉降监测累计变形曲线图

根据第 20 期和第 21 期沉降监测成果，各沉降监测点的沉降速率均小于 0.02mm/日，且沉降量小于 1.00mm，建筑物处于稳定状态，终止沉降监测。

☞ **思考题**

1. 建筑物工程监测的监测项目有哪些？
2. 简述建筑物沉降监测的实施方法。
3. 如何布设建筑物沉降监测点？
4. 画图说明建筑物倾斜监测的方法。
5. 什么是挠度？怎么测定建筑物基础的挠度值？

第7章　公路工程监测

7.1　公路工程监测概述

公路是一种线形工程构造物。公路的组成部分包括路基、路面、桥涵、隧道、防护工程、排水设备、山区特殊构造物。JTG B01—2014《公路工程技术标准》将我国公路分为五级：高速公路、一级公路、二级公路、三级公路、四级公路。公路主要承受的是汽车荷载的重复作用和经受各种自然因素的长期影响，其路基和路面不管使用何种材料，在通车使用一段时间之后，都会陆续出现各种损坏、变形及其他缺陷，统称为病害。

路基病害现象是指自然因素及荷载的作用下产生的不断累计的变形，进而导致的破坏。路基病害的形状多种多样、原因错综复杂。其自然因素有：(1)地理因素，如公路沿线的地形、海拔高度及植被等；(2)地质因素，如沿线土质的种类、成因、含水量、有机质及可溶性盐的含量等；(3)气候因素，如该地区的气温、降雨量、雨型、降雪、温度、冰冻深度等；(4)水文因素，河道的洪水位、常水位、河岸的冲刷和淤积情况、沿线地表水的排泄条件，以及有无积水等；(5)水文地质因素，地下水位、地下水移动的规律，有无泉水、层间水，以及各种水的流量等。

路面(尤其是沥青路面)病害通常有：(1)裂缝类，包括纵向裂缝、横向裂缝、龟裂、块裂、反射裂缝等；(2)变形类，包括车辙、波浪、沉陷、隆起、推移等；(3)表面损坏类，包括泛油、松散、坑槽、磨损、露骨、脱皮等。

公路的路基和路面在运营后，因行车荷载、自然环境等多方面因素单独或综合作用下导致路面和路基出现不同程度的损坏，这些损坏会影响路面的使用性能和服务功能。因此，必须对病害的类型及其损坏程度进行监测，为制定合理的养护维修措施提供科学依据。

路基监测是为了监测路基在施工期间的变形动态，掌握时间、压实度和沉降的关系，其目的是：(1)根据地质因素选择合理的沉降监测点位；(2)根据监测数据控制填土速率，以保证路堤在施工过程中的安全稳定；(3)根据监测曲线预测工后沉降，确定构造物和路面结构的施工期，使工后沉降控制在设计的允许范围内；(4)监测路基沉降为施工计量和质量控制提供依据。

公路工程监测工作可分为路堤填筑监测、路堤预压监测、底基层及路面施工监测、竣工通车监测四个阶段。各监测阶段包括监测设计与准备、现场监测实施、监测资料分析与提交等内容。

(1)路堤填筑期：是指经原地面处理或软基处理后，开始填土至填土完成(非预压，堆载预压为填至路槽面标高，等载或超载预压填至设计预压顶面标高)的期间。

(2)路堤预压期：是指堆载、等载或超载的预压土方填筑完毕至达到稳定可施工路面结构的期间。

(3)底基层及路面施工期：主要是指路槽面以下的路基处理工作全部结束，达到设计要求，并可进行路面底基层及路面施工的期间。

（4）竣工通车期：是指公路竣工且通车运营后的规定时间内，对路基沉降变形的持续监测。

对于修筑在软土路基的公路，路基的稳定和沉降十分重要。由于软土地基的强度低、承载力小、渗透性低、固结变形持续时间长，所以进行软土地基处理就是为了使工后沉降（即路面设计使用年限内残余沉降）减小，路基稳定。因此，对软土路基进行沉降和稳定的跟踪与动态监测，是提高公路建设质量的关键技术之一。

JTG/T D31-02—2013《公路软土地基路堤设计与施工技术细则》规定：

（1）施工期间应进行动态监测。动态监测项目应根据工程的重要性和地基的特殊性，以及监测对施工的影响程度等确定。二级及二级以上公路施工过程中，必须进行沉降和水平位移监测。

（2）施工期间按路堤中心线地面沉降速率每昼夜不大于 10~15mm、坡脚水平位移速率每昼夜不大于 5mm 控制路堤稳定性。特殊软土地基应根据设计要求确定稳定性控制标准。当沉降或位移超过标准时，应立即停止路堤填筑。

本章主要阐述软土路基的监测内容和监测方法，并简要介绍路面病害监测的方法。

7.2 公路工程监测项目及方法

公路工程监测项目主要包括沉降监测、水平位移监测、应力监测和强度监测等，如表7-1 所示。

表 7-1   公路工程变形监测项目

监测项目		监测仪器设备	监测目的
沉降	地表沉降	水准仪、沉降板	根据监测数据调整填土速率；预测沉降趋势，确定预压卸载时间；计算施工期间沉降土方量
	地基深层沉降	水准仪、深层沉降标	地基某一层位以下沉降量
	地基分层沉降	水准仪、分层沉降仪	地基不同层位分层沉降量
水平位移	地表水平位移	全站仪、水平位移边桩	测定路堤水平位移；监测路堤稳定，确保施工安全
	地基分层水平位移	测斜仪、测斜管	监测地基不同深度的水平位移；监测路堤稳定，推定土体剪切破坏位置
应力	孔隙水压力	孔隙水压力计、频率仪	分析地基土固结情况
	土压力	土压力盒、频率仪	监测土体应力及其分布情况
强度	承载力	载荷试验仪	测定路基承载力
其他	裂缝	裂缝计、裂缝扫描仪	监测裂缝发展情况
	地下水位	水位尺、水位计	校验孔隙水压力计读数
	出水量	单孔出水量计	了解地基排水情况

公路工程监测遵循的一般原则如下：

(1)监测点布设：监测点布设在反映公路路基和路面特征变化的部位。一般布设在地基条件差、地形变化大、设计问题多的部位，以及土质调查点附近。桥头纵向坡脚、填挖交界的填方端、沿河、凌空等特殊路段酌情增设监测点。监测点的设置不仅要根据设计的要求，同时还应针对施工中掌握的地质、地形等情况增设。

(2)监测点布设密度：监测点布设密度应满足监测的需要和施工的可操作性，一般路段沿纵向每隔 100~200m 设置一个监测断面，桥头路段应设计 2~3 个监测断面。

(3)监测周期：在公路施工期间，沉降和水平位移监测应在每填筑一层土监测一次。如果两次填筑时间间隔较长，则至少每 3 天监测一次。路堤填筑完成后的堆载预压期间，监测应视地基稳定情况而定，一般半月或每月监测一次。对于孔隙水压力的监测，每填筑一层后，应每隔一小时监测一次，连续监测 2~3 天。

(4)特殊情况：在沿河、临河等凌空面大且稳定性差的路段，必要时应进行地基土体分层水平位移的监测；对于软土地基，需进行土体分层沉降和水平向位移监测。当路堤可能失稳时，应立即停止加载，并采取措施，待路堤恢复稳定后，方可继续填筑。

7.2.1　软土路基沉降监测

7.2.1.1　地表沉降监测

软土路基地表沉降监测一般采用精密水准测量和沉降板监测的方法。沉降监测的精度随施工期的进展而变化。一般说来，随着路基不断筑高，每层填筑的厚度逐渐减少，沉降增量逐步减小，由厘米级缩小为毫米级。沉降量越小，要求观测精度越高。一般在路堤填筑期，观测精度为 2~3mm；预压期及路面施工期的观测精度为 1~2mm。

1. 沉降监测点的布设

地表沉降监测点一般沿公路中线方向布设，且布设于公路中心线两侧 50~300m 范围内，沉降监测点分为地面沉降监测点、桥上沉降监测点和通道沉降监测点三种，其埋设位置有不同的要求。

(1)地面沉降监测点：一般每隔 200m 布设一个地面沉降监测点。沉降监测点常采用混凝土水准标石，布设在土质坚硬且便于长期保存和使用的地点。

(2)桥上沉降监测点：桥上沉降监测点应根据施工情况进行布设。当路堤填筑到一定高度时，为了减少转点传递对监测成果的影响，应适时将地面沉降监测点转移到灌注桩基础的桥上中央分隔带的水泥板上。沉降监测点位置选定后，预埋一根长 20cm、直径 20mm 的钢筋，钢筋头端露出混凝土上顶面 1~2cm 作为监测标志。

(3)通道沉降监测点：如果两桥相距甚远，可在中间选择一个通道沉降监测点。通道沉降监测点的使用需谨慎，一旦发现监测成果有波动，应随时与沉降监测基准点进行联测。通道沉降监测点的设置与桥上沉降监测点的设置方法相同。

2. 沉降板的制作与埋设

地表沉降监测一般采用沉降板。沉降板由钢底板(或钢筋混凝土板)、金属测杆和保护套管组成。底板尺寸不小于 50cm×50cm×2cm，测杆直径以 4~6cm 为宜，保护套管尺寸以能套住测杆并留有适当空隙为宜。

沉降板埋设在路堤左右路肩和公路中线下原地面上，其埋设过程如下：

(1)整平地基，铺第一层填料，压实后，在预埋位置挖去填料至原地面，将带有第一

125

节沉降杆、护套、护盖的底板放入，使其紧贴原地面。回填夯实，当填料将与杆头平齐时，打开护盖，测定杆头高程，盖好护盖，填筑下一层填料。

（2）当填料符合要求后，在设置沉降板的地方挖去填料，露出护盖。打开护盖，测定杆头高程，其高程与上次杆头高程之差，即为两次监测期间的沉降量。然后连接下一节沉降杆、护管，并测定杆头高程后盖好护盖，回填夯实。依此类推，直至施工结束。护盖高度要始终低于压实填筑面下方3～5cm，以防止沉降杆被压坏。沉降板埋设与观测过程如图7-1所示。

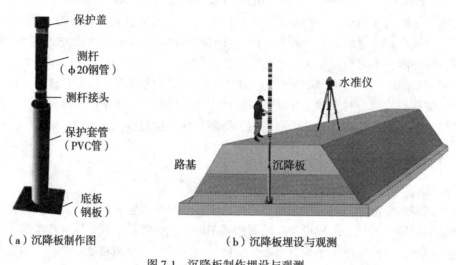

（a）沉降板制作图　　　　　　　（b）沉降板埋设与观测

图 7-1　沉降板制作埋设与观测

7.2.1.2　分层沉降监测

土体内部沉降是通过在土体内埋设沉降标进行观测。沉降标分为分层沉降标和深层沉降标。分层沉降标可以在同一根测标上，分别观测土体沿深度方向各层次及某一层土体的压缩情况。分层标深度可贯穿整个软土层，各分层测点布设间距一般为1m，甚至更密。深层沉降标是测定某一层以下土体的压缩量，故深层标的埋设位置应根据实际需要确定。当软土层较厚，排水处理又不能穿透整个层厚时，埋设在排水井下未处理软土顶面。深层标采用水准仪测量标杆顶端高程的方法进行观测，测量要求和地表沉降相同。这里主要介绍分层标和沉降仪。

1. 沉降仪结构

沉降仪有机械式、舌簧式、电磁式、水管式、气压式等类型。公路工程上常用的是电磁式沉降仪。电磁式沉降仪由脚架、钢卷尺、测头、沉降管和磁环组成，其外观如图7-2所示。分层沉降仪主要技术性能指标是：测量深度为50m或100m；灵敏度为±1mm；标尺误差为小于±1mm/10m；密封性能大于1MPa。

沉降管由硬质聚氯乙烯塑料制成，包括主管（测量管）和连接管，同时为防止泥沙进入管内，每一沉降管都配有管盖和管座。沉降环的形式有单向带三个叉簧片、双向带三个叉簧片、圆形带三个叉簧片等。

2. 沉降仪工作原理

电磁式沉降仪的工作原理是在土体中埋设沉降管，每隔一定距离设置一个磁环。当土体发生沉降时，磁环和土体同步沉降，利用电磁测头测出发生沉降后磁环的位置，将其与磁环初始值比较，计算出测点(磁环)的沉降量，如图7-3所示。

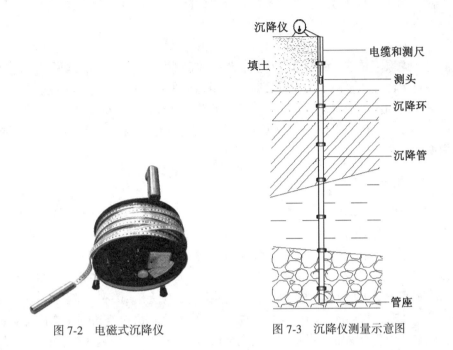

图7-2　电磁式沉降仪　　　　　图7-3　沉降仪测量示意图

电磁式沉降仪探测头的工作原理如图7-4所示。在探测头内安装一电磁振荡线圈，当振荡线圈接近磁环时，由于磁环中产生涡流损耗，大量吸收了振荡电路的磁场能量，从而使振荡器振荡减弱，直至停止振荡。此时，放大器无输出，触发器翻转，执行器工作，晶体音响便发出声音。根据声音刚发出的一瞬间，确定环的位置。

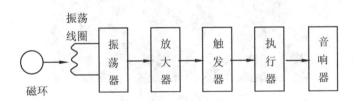

图7-4　沉降仪探测头电路原理示意图

3. 分层沉降标的埋设

分层沉降标一般埋设于路堤中心。在定位点安装钻孔机，成孔倾斜度不能大于1°，并且无塌孔、缩孔现象。当遇到松散软土时，应下套管或泥浆护壁。分层标的钻孔深度即为埋置深度，而深层标的钻孔深度要在埋置深度以上50cm，成孔后必须清孔。

沉降管底部要装有底盖，底盖及各沉降管连接处应进行密封处理(橡皮泥及防水胶带)，这样可防止泥水进入沉降管内。下沉降环的方法各异，一般用波纹管将沉降环固定到沉降管上，用纸绳绑住三脚叉簧的头部，当沉降管埋设就位后，纸绳在水的作用下断开，弹叉簧便伸入到钻孔壁内的土中，起固定作用。

沉降环埋好后，应立即用沉降仪测量一次，对环的位置、数量进行校对，并对孔口高程进行测量。沉降管与钻孔之间的空隙可用中粗沙回填，并记录埋设情况，记录的主要内容包括工程名称、仪器型号、生产厂家、量程、沉降管编号、位置、孔口高程、深度、埋设方式、埋设环数、埋设日期和人员等。

4. 观测方法

观测时，先取下护盖，测定管口标高，然后将测头沿沉降管徐徐放至孔底，打开电源开关，测头自下而上测定。当接近磁环时，指示器开始有信号发出，此时减小上拉速度，当信号消失的瞬间停止上拉，读取测头至管口的距离。如此测完所有磁环，每测点应平行测定两次，读数差不得大于2mm。根据测得的距离与管口的高程，计算出各磁环的高程，其相邻两期高程之差即为测点(磁环)的沉降量。

7.2.2 路基水平位移监测

7.2.2.1 地表水平位移

地表水平位移监测通常采用边桩。边桩采用钢筋混凝土预制，混凝土的强度不低于C25，长度不小于1.5m。边桩断面可采用正方形或圆形，其边长或直径以10~20cm为宜，并在桩顶预埋不易磨损的测头，如图7-5所示。边桩埋设在路堤坡脚处，边桩的埋设深度以地表以下不小于1.2m为宜，桩顶露出地面的高度不应大于10cm。埋设方法可采用打入或开挖埋设，要求边桩周围回填密实，桩周上部50cm用混凝土浇筑固定，确保边桩埋置稳固。边桩水平位移监测常采用基准法或交会法施测。

图7-5　埋设后的路基边桩

7.2.2.2 土体分层水平位移

土体分层水平位移监测一般采用测斜仪施测。测斜仪可分为电阻应变片式、伺服加速度计式、钢弦式、差动电阻式等。通常采用伺服加速度计滑动式测量，固定式测量仅在滑动式监测有困难或进行全自动监测时采用。

7.2.3 监测成果提交

公路工程监测成果实行两级检查、一级验收制度。公路工程监测在完成数据采集、记录检查、平差计算和处理分析后，按周期提交监测报表。公路工程监测报表一般包括表7-2中所列的变形分析曲线图。

当全部监测工作完成后，提交成果报告和全部监测成果。成果报告主要内容有：（1）工程概况，包括工程地质资料、材料试验成果、工程施工计划书等；（2）监测依据；（3）监测项目；（4）基准点、工作基点和监测点的布设；（5）监测仪器设备和监测方法；（6）监测频率；（7）监测报警值；（8）各监测项目全过程的发展变化分析及整体评述；（9）监测工作总结与建议。

表 7-2   公路工程监测数据变形分析曲线图

监测项目		曲线图
沉降		荷载-时间-沉降过程线
		路基横向沉降盆图
水平位移	地表位移	荷载-时间-水平位移过程线
		地面横向位移分布图
	主体内部	水平位移随深度变化曲线
孔隙水压力		荷载-孔隙水压力-时间关系曲线
		孔隙水压力等值线
基底土压力		荷载-时间-土压力变化过程线
搅拌桩承载力		荷载-沉降变化过程线
		沉降-时间变化过程线
单孔出水量		荷载-时间-出水量变化过程线
地下水位		全年时间-地下水位变化线

7.3 路面病害监测

7.3.1 路面病害监测概述

公路路面在通车运营一段时间之后，会出现各种损坏、变形及其他缺陷，统称为路面病害。早期常见的病害有裂缝、坑槽、车辙、松散、沉陷、桥头涵顶跳车、表面破损等。

针对路面病害的养护维修，需要现场采集病害信息，进行科学评价，最后制订出合理的养护维修计划，以便指导路面的养护和维修。在 JTJ073.1—2001《公路水泥混凝土路面养护技术规范》和 JTJ073.2—2001《公路沥青路面养护技术规范》中，对公路路面病害分类、调查内容与方法、数据采集与管理、评价指标与评价方法等进行了详尽规定。

传统的病害信息采集主要采用人工现场巡视检查的方法，不仅劳动强度大、工作效率低，而且精度低、信息量有限。随着无人机技术、探地雷达技术、移动道路测量技术、高速摄像技术、三维激光扫描技术等新方法、新技术的问世，可实现道路病害数据采集效率高，而且所采集的信息量丰富、精度高。

7.3.1.1 高速摄像测量技术

将高速摄像机或三维激光扫描仪搭载在无人机或汽车等平台上，对被调查道路进行摄像，然后在现场或室内快速数据处理。该方法技术先进、工作效率高、信息丰富，将成为未来路面损坏检测的主要手段。

7.3.1.2 探地雷达技术

搭载探地雷达的车在路上以一定的速度行驶时，探地雷达发射电磁脉冲，并在较短时间内穿透路面，脉冲反射波被无线接收机接收，数据采集系统记录返回时间和路面结构中的不连续电介质常数的突变情况。路面各结构层材料的电介质常数明显不同，因此，电介质常数突变处，也就是两结构层的界面。根据测知的各种路面材料的电介质常数及波速，可计算路面各结构层的厚度或给出含水量、损坏位置等资料。

探地雷达可检测沥青路面厚度，路面脱空、裂缝、陷落、空洞等病害。其检测速度可达 80km/h 以上，最大探测深度大于 60cm。目前在公路无损检测方面，探地雷达已取得了较好的效果，而且还有更为广阔的应用前景。

7.3.1.3 移动道路测量系统

移动测量系统(mobile mapping system，MMS)，是当今测绘界的前沿科技之一，代表着未来道路及周边信息采集领域的发展主流。它是在机动车上装配 GNSS(卫星导航定位系统)、三维激光扫描系统、CCD(视频系统)、INS(惯性导航系统)或航位推算系统等先进的传感器和设备，在车辆的高速行进中快速采集道路及道路两旁地物的空间位置数据和属性数据。移动测量系统在军事、勘测、电信、交通管理、道路管理、城市规划、堤坝监测、电力设施管理、海事等各个方面都有着广泛的应用。

7.3.2 移动道路测量系统路面监测

图 7-6 所示为国产移动道路测量系统。系统以机动车为搭载平台，装配有 GNSS、CCD(成像系统)、INS/DR(惯性导航系统或航位推算系统)等传感器和设备。在车辆高速行进中，快速采集道路及道路两旁地物的空间位置数据和属性数据，经过实时或事后处理，可提供具有地理参考基准的立体像对，定向后的影像用于立体摄影测量来解析所需的位置信息和属性信息。

图 7-6　移动道路测量系统

移动测量系统作为一套独立的测图系统，无需传统测量底图及沉降监测基准点布设，随着移动载体在测量范围内以普通车速行驶即可实现高精度的数据采集。其中定位模块为DGPS/DR 组合导航，通过 GPS 事后位置差分数据与 DR 数据融合实现为影像提供高精度的直接地理参考。影像采集模块由 7 个 CCD 相机组成，分别位于车辆前方、右前、正右侧、左前及下方。其系统外观、车内硬件结构及车顶平台如图 7-7 所示。

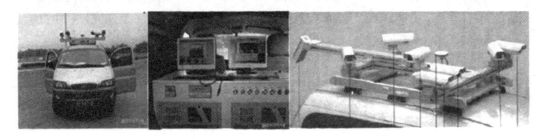

图 7-7　移动道路测量系统结构图

数据采集完成后，由系统配备的专业软件进行后期数据处理、成图、入库，实现数据从采集到最终入库的一体化，图 7-8 所示。

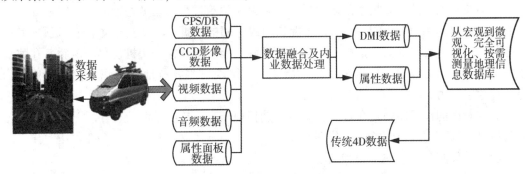

图 7-8　MMS 数据生产原理

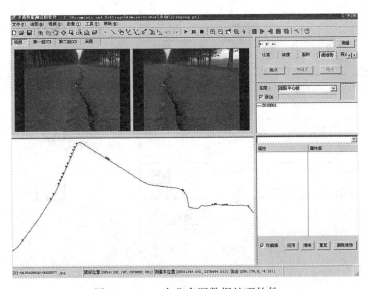

图 7-9　MMS 内业多源数据处理软件

7.4 高速公路软土地基监测案例

7.4.1 工程概况

汉洪公路路线全长 51.551km，其中起点至开发区沌口东荆路段利用规划的城市主干道梅子路 5.52km，建设总里程为 46.031km。汉洪高速公路沿线地质条件差，软土分布广泛，全线软土路基地段共约 25km，土性变化复杂。

汉洪高速公路的主要监测项目为地表沉降监测、边桩水平位移及沉降监测、地基分层水平位移监测、孔隙水压监测等。软土路基监测点的布设按路基地段每 100~200m 设置 1 个监测断面，桥头路段及过渡段设置 1~2 个监测断面，每个构造物路段设置 1 个监测断面。全线共布置监测断面 250 个，标准监测断面的测点设置为 3 块沉降板、6 根边桩、2 孔测斜管、1 组孔隙水压力计。

7.4.2 监测的实施

7.4.2.1 监测断面设置

软弱路基处理的主要技术问题包括：道路路基填筑过程的边坡稳定问题、路基处理工程的质量评价问题(包括工后沉降的分析和卸载时间的把握)。为了解决上述问题，工程中必须采用一些必要的监测措施，如全断面沉降、表层沉降板、边桩位移、测斜、孔隙水压力计以及土压力计等。根据该工程的特点，监测项目主要有地表沉降、边桩位移、测斜、孔隙水压力。

监控断面的设置原则是在各个软土段内选择填土高、软土厚度大、性质差的薄弱位置或其他典型断面作为监测断面，分别埋设沉降板、边桩位移、测斜管和孔隙水压力计。监测断面设计如图 7-10、图 7-11 所示。

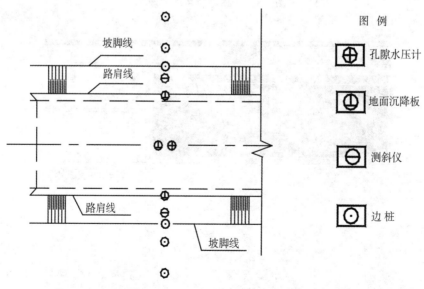

图 7-10 监测断面平面布置示意图

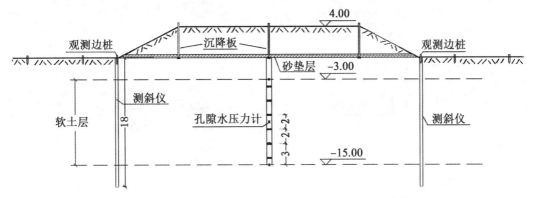

图 7-11　监测断面剖面布置示意图

沉降板埋设在公路中线和路肩的基底，每一断面在道中及两侧路肩各设置一个沉降板。沉降板由底板、金属测杆和保护套组成底板尺寸为 50cm×50cm×1cm，测杆直径为 4cm，保护套管尺寸要能套住测杆，并使标尺能进入套管，随填土增高，测杆和套管亦相应接长，每节长度小于 50cm，接高后，测杆顶面略高于套管上口，套管上口加盖封住管口，盖顶高出碾压面高度小于 50cm。

位移监测边埋设在路堤两侧趾部，以及边沟外缘与外缘以远 10m 的地方，一般在趾部以外设置 3~4 个位移边桩。每一监测断面的路堤两侧坡趾外各设置 3 根边桩，每一监测断面共设 6 根位移监测边桩。

测斜管埋设于地基土体水平位移最大的平面位置，一般埋设于路堤边坡坡趾或边沟上口外缘 1m 左右的位置，测斜管底部置于深度方向水平位移为零的硬土层中至少 50cm 或基岩上。

孔隙水压力计集中于公路中线布设，并与沉降、水平位移监测点位于同一监测断面上。孔隙水压力测点沿深度按照设计要求布设，一般每种土层均有测点。

7.4.2.2　监测点埋设

所有监测仪器和标志均在地基处理后、路基填筑前埋设完毕。所有仪表完成初始读数后才进行路基填筑。

1. 基准桩埋设

用于水平位移和沉降监测的基准桩，埋设在变形影响区以外的原状土层上。基准桩距路堤坡趾的距离一般不小于 20m，基准桩尽可能利用公路沿线控制桩。基准桩采用边长为 20cm 的钢筋混凝土预制方桩，埋置时打入硬土层不小于 2m，在软土地基中打入深度不小于 10m。桩周顶部 50cm 采用现浇混凝土加以固定，并在地面上浇筑 1m×1m×0.2m 的观测平台，桩顶露出平台 15cm，在顶部预埋小段钢筋作为固定好的基点测头。基准桩的埋设示意图如图 7-12 所示。

2. 边桩埋设

水平位移监测点采用边桩法，边桩埋设在路堤两侧趾部以及边沟外缘以外 10~40m 范围内。边桩采用 100mm×100mm×1500mm 的混凝土桩。边桩的埋入后露出地面高度小于 10cm。桩周上部 50cm 用混凝土浇筑固定，边桩埋设示意图如图 7-13 所示。

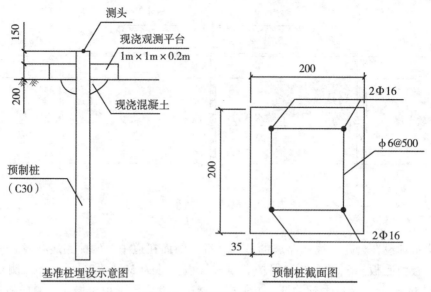

图 7-12　基准桩埋设示意图

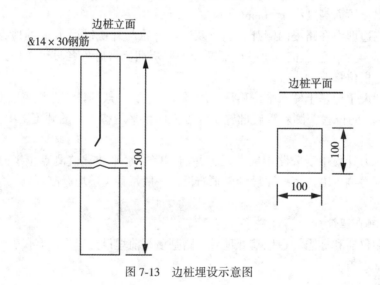

图 7-13　边桩埋设示意图

3. 沉降板埋设

沉降板由底板、金属测杆和保护套管组成，底部钢管用撑脚三角板焊接在沉降板中心处，节管用管箍连接，节管顶部套管上口用护管帽盖住，封住管口，如图 7-14 所示。采用双管式沉降标，预制好 50cm×50cm×10mm 的钢板，在钢板中央再固定钢管，测杆直径为 4cm，外套 PVC 管保护，套管直径为 8cm。随着填土的增高，测杆和套管亦相应接高，每节长度不宜超过 50cm。接高后的测杆顶面应略高于套管上口，并高出碾压面高度不宜大于 50cm。

4. 测斜管埋设

测斜管的埋设过程包括钻孔、检查测斜管、下管准备、下管、测斜管检查、孔壁回

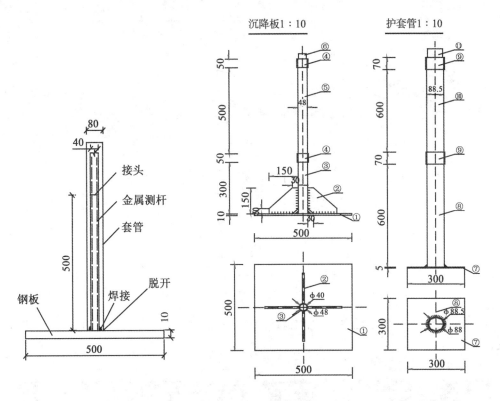

图 7-14 沉降板示意图

填、孔口设置、埋设记录及测量等工序。测斜仪采用 CX-03A 型测斜仪，测量精度为
±2mm/15m，如图 7-15 所示。

图 7-15 测斜仪

5. 孔隙水压计埋设

孔隙水压计采用钻孔埋设法，钻孔至设计要求深度后（预留 30cm），将孔隙水压力探
头压入设计深度原状土层中，再向孔内放黏土封孔，如图 7-16 所示。具体步骤包括埋设
前的准备、钻孔、测头埋设、测头定位、封孔、填写详细记录表等。

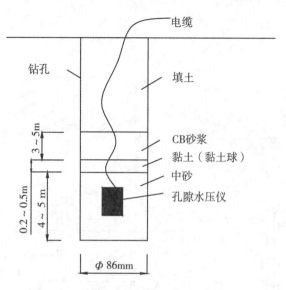

图 7-16　孔隙水压计埋设示意图

孔隙水压计选用瑞士的 SOLEXPERTS AG，采集器采用美国 KEITHLEY，如图 7-17 所示。

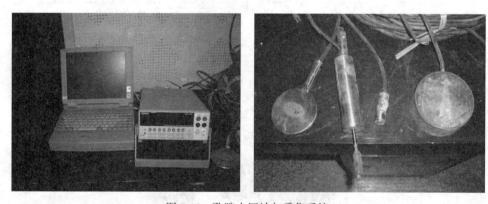

图 7-17　孔隙水压计与采集系统

7.4.2.3　监测精度和监测频率

监测精度要求为：地表沉降±1.0mm；地表水平位移及隆起±2.5″；地基深层水平位移为±5.0mm；孔隙水压力为 0.25 kPa（3~5kg/cm²）。

监测频率和控制标准根据监测目的和用途以及被监测参数的重要性来确定。平均路堤高 4m，预压高 0.5m。按每次填筑 0.3m（压实厚 0.25m），则需填筑 6.5m 路堤，故必须填筑 26 次，其监测频率列于表 7-3。

报警值采用孔压、沉降、侧向位移三项指标综合控制，即：单级孔压系数小于 0.6，综合孔压系数小于 0.4；沉降速率不大于 10mm/d；侧向位移不大于 5mm/d；测斜不大于 4mm/ d。

表 7-3　　　　　　　　　　　　　监测项目的监测频率

监测阶段		监测频率				
		地表沉降	分层沉降	孔隙水压	分层水平位移	边桩位移
加载施工期	填筑时	1 次/层	1 次/层	1 次/层	1 次/层	1 次/层
	填筑间隙	1 次/3d	1 次/3d	1 次/3d	1 次/3d	1 次/3d
恒载预压期	第一个月内	1 次/10d	1 次/10d	1 次/10d	1 次/15d	1 次/15d
	一个月后	1 次/30d	1 次/30d	1 次/30d	1 次/30d	1 次/30d
路面施工期		1 次/60d	1 次/60d	1 次/60d	1 次/60d	1 次/60d

注：当路堤填筑连续进行时，每天进行观测；当路堤稳定出现异常情况或者观测数据出现异常时加密观测。

7.4.3　监测成果提交

监测资料当天整理和分析，形成监测报告，具体要求如下：

（1）沉降板：绘制沉降时程曲线，根据沉降速率提供合理的加载速率，推算最终沉降量固结度、残余沉降及沉降差，提出合理的卸载时间。

（2）边桩位移和测斜：绘制位移时程曲线，根据位移速率提供合理的加载速率，分析路基整体稳定性。

（3）孔隙水压力：绘制孔压时程曲线，根据孔压荷载比分析提出合理的加载速率、推算固结度、合理的卸载时间。

最终的监测成果主要包括：①各类监测成果表；②沉降监测的沉降速率-时间-荷载变化关系曲线；③水平位移监测的水平位移-时间-荷载变化关系曲线；④土体分层水平位移监测的水平位移随深度变化曲线；⑤孔隙水力监测的孔隙水压力-时间-荷载变化关系曲线；⑥监测分析报告。

☞ 思考题

1. 路基病害的成因有哪些？
2. 简述路基监测的目的。
3. 公路路基监测的主要内容和常用监测方法。
4. 简述沉降板的制作与埋设过程。
5. 简述沥青路面病害的成因及病害种类。
6. 路面病害监测有哪些新方法、新技术？

第8章　高速铁路工程监测

高速铁路运行速度快，安全性、平稳性、准时性要求高，对线路结构的稳定性有很高的要求。高速铁路下部构筑物的变形直接影响到轨道结构的质量状态，关系到高速铁路的运营安全。全面、细致、高精度的变形监测，对于确保高速铁路动车组运行的安全性、平稳性和舒适度具有十分重要的意义。

高速铁路在施工和运营期间，要根据设计文件要求，对高速铁路及其附属建筑物进行变形监测。高速铁路建设期的变形监测是为了满足无砟轨道铺设条件的要求，而运营期的变形监测则是为了保证运营安全。根据我国高速铁路变形监测的研究和实践经验，高铁线路及各种结构物从通车运营至变形稳定一般要经历 5 年的时间。另外，高速铁路常常横穿沉降漏斗区及地质条件较差区域，区域性地面沉降会引起线路结构的整体变形，这种变形会影响到高速铁路的运营安全。特别是在漏斗边缘地区，由于线路构筑物的差异沉降，引起轨道结构的变形，从而影响高速列车行驶的安全性、平稳性及舒适性。

高速铁路变形监测的主要内容包括路基、涵洞、桥梁、隧道、轨道结构、过渡段、车站以及道路两侧高边坡和滑坡地段的沉降监测和水平位移监测。高速铁路结构变形监测以路基、桥梁、隧道等建(构)筑物的沉降监测为主，并结合沉降监测值对过渡段及相邻结构物的差异沉降进行分析；水平位移监测由路基、桥梁、隧道等工点具体情况确定。在运营期，还要对轨道的平顺性进行监测，以保证列车行驶安全。

高速铁路监测的同时，应定期对精密工程测量控制网进行复测。精密工程测量控制网是高速铁路勘察设计、施工和运营维护的基础，包括框架控制网 CP0、基础平面控制网 CP Ⅰ、线路平面控制网 CP Ⅱ、轨道控制网 CP Ⅲ 及线路水准基点控制网。

高速铁路变形监测的精度按监测量的中误差小于允许变形值的 1/10~1/20 的原则进行设计，其等级划分和精度要求如表 8-1 所示。

表 8-1　　　　　　　　　　　高速铁路变形监测等级划分和精度要求

等级	沉降监测	水平位移观测	
	监测点的高程中误差(mm)	相邻监测点的高差中误差(mm)	监测点的点位中误差(mm)
一等	0.3	0.1	1.5
二等	0.5	0.3	3.0
三等	1.0	0.5	6.0
四等	2.0	1.0	12.0

8.1 高速铁路监测网

高速铁路变形监测需建立独立的监测网，其覆盖范围一般不小于4km，监测基准点和工作基点优先选择精测网（精密工程测量控制网）的平面控制点和水准基点。

8.1.1 变形监测点的分类与布设

高速铁路在施工和运营期间需要建立变形监测网，以对高速铁路和及其附属建筑物进行变形监测。变形监测网在施工期间建立，并与施工控制网联测，一次布网完成。水平位移监测网采用三角测量法，用一级全站仪施测；沉降监测网采用水准测量方法建立，并根据具体情况布设成闭合环状、节点或附合水准路线。

高速铁路变形监测点分为基准点、工作基点和监测点三类，各类测点的布设要求如下：

（1）基准点建立在变形影响范围以外便于长期保存的稳定地区，使用CPⅠ、CPⅡ控制点和线路水准基点。每个独立的监测网设置不少于3个稳固可靠的基准点，且基准点的间距不大于1km。

（2）工作基点埋设在比较稳定的位置，在观测期间稳定不变，且作为高程和坐标的传递点。沉降监测工作基点除使用线路水准基点外，还可按照国家二等水准测量的技术要求加密水准基点。加密后的工作基点间距200m左右，以保证线下工程沉降监测需要。

（3）监测点直接埋设在监测体上，点位设立在能反映变形特征的位置；要求设置牢固，以便于长久保存和观测，还要求形式美观、结构合理，且不破坏监测体的外观和使用。

高速铁路变形监测的等级和精度一般按照三等水准测量技术的规定执行，对于技术特别复杂工点，根据需要按照二等水准测量技术的规定执行。

8.1.2 变形监测基准网

高速铁路变形监测基准网分为沉降监测网和水平位移监测网两种。

8.1.2.1 沉降监测网

沉降监测网布设成闭合环状、节点或附合水准路线等形式。沉降监测的水准基点选埋在变形区以外的基岩或原状土层上，或利用稳固的建（构）筑物设立墙上水准点。沉降监测网主要技术要求按表8-2执行。

在建设期，应对监测网定期复测，为线下工程施工和无砟轨道铺设条件评估提供及时有效的监测数据；运营后监测网复测的方式同建设期的测量方式一致。线下工程沉降监测网由沉降监测基准点、工作基点和部分沉降监测点组成附合或闭合水准路线，一般按国家二等水准测量技术要求复测。

对于技术特别复杂和沉降监测等级要求二等及以上的重要桥隧工点，应独立建网，并按国家一等水准测量的技术要求进行施测或进行特殊测量设计。

8.1.2.2　水平位移监测网

水平位移监测网可采用独立坐标系统一次布设，控制点采用有强制归心装置的观测墩，照准标志采用有强制归心装置的觇牌或反射片。水平位移监测网一般按三等规定执行（见表 8-3），对于软土地基等设计有特别技术要求的复杂工点，可根据需要按二等的规定执行。监测采用一级全站仪进行。

表 8-2　　　　　　　　　　　　　　　沉降监测网主要技术要求

等级	相邻基准点高差中误差（mm）	每站高差中误差（mm）	往返较差、附合或环线闭合差(mm)	检测已测高差较差（mm）	使用仪器、观测方法及要求
一等	0.3	0.07	$0.15\sqrt{n}$	$0.2\sqrt{n}$	DS05 型仪器，按国家一等水准测量施测，视线长度 ≤15m，前后视距差 ≤0.3m，视距累积差 ≤1.5m
二等	0.5	0.15	$0.3\sqrt{n}$	$0.4\sqrt{n}$	DS05 型仪器，按国家一等水准测量施测
三等	1.0	0.30	$0.6\sqrt{n}$	$0.8\sqrt{n}$	DS05 型仪器，按国家二等水准测量施测
四等	2.0	0.70	$1.4\sqrt{n}$	$2.0\sqrt{n}$	DS1 型仪器，按国家三等水准测量施测

注：n 为测站数。

表 8-3　　　　　　　　　　　　　　水平位移监测网主要技术要求

等级	相邻基准点的点位中误差(mm)	平均边长（m）	测角中误差(″)	测边中误差(mm)	水平角观测测回数		
					05″仪器	1″仪器	2″仪器
一等	1.5	≤300	0.7	1.0	9	12	—
		≤200	1.0	1.0	6	9	—
二等	3.0	≤400	1.0	2.0	6	9	—
		≤200	1.8	2.0	4	6	9
三等	6.0	≤450	1.8	4.0	4	6	9
		≤350	2.5	4.0	3	4	6
四等	12.0	≤600	2.5	7.0	3	4	6

在设计水平位移监测网时，要进行精度估算，选用最优方案。水平位移监测网一般按独立建网考虑，根据水平位移测量等级及精度要求进行施测，并与施工平面控制网进行联测，实现水平位移监测网与施工平面控网的坐标转换。

8.1.2.3　变形监测基准网的复测

由于自然条件的变化和人为破坏等原因，变形监测基准网中不可避免地存在个别点位发生变化的情况。要定期对基准点及工作基点进行复测，检查精度按照二等水准测量精度进行，并对超限的点进行内插改正。

监测基准网的复测一般结合精密水准网的复测进行，并且在复测时尽量把沿线的全部工作基点纳入网中，并随精测网整体平差。基准网常规地段每 12 个月复测 1 次，特殊地段每 6 个月复测 1 次。

8.2 路基变形监测

路基变形监测主要包括路基面沉降监测、地基沉降监测、过渡段沉降监测和路基坡脚水平位移监测。其中，重点是路基工程沉降监测，路基工程沉降监测以路基面沉降监测和地基沉降监测为主，按线路类型划分又可分为路基沉降监测和过渡段沉降监测两部分内容。

路基工程沉降监测要根据工程结构、地形地质条件、地基处理方法、路堤高度、堆载预压等情况设置沉降监测断面实施监测。对沉降变形大的地段，要加强观测频次，并监测轨面高程或使用轨检小车进行轨道测量，以真实准确反映轨道结构现状。

8.2.1 沉降监测断面和监测点的设置

在正式进行监测前，应对全线路基(含过渡段)沉降监测断面点、沉降板及沉降桩点进行普查，对丢失和破坏的沉降监测点进行恢复，并尽量保证运营期补设的位置和建设期的位置一致。其监测断面布置原则如下：

(1)沿线路方向的间距一般不大于 50m；地势平坦、地基条件均匀良好、高度小于 5m 的路堤或路堑，以及 CFG 桩加固至岩石的地段，可放宽到 100m。地形、地质条件变化较大地段适当加密。

(2)对地形横向坡度大或地层横向厚度变化的地段应布设不少于 1 个横向监测断面。

(3)一个沉降监测单元(连续路基沉降监测区段为一单元)应布设不少于 2 个监测断面。

(4)路桥过渡段、路隧过渡段、路涵过渡段，于不同结构物起点 5~10m 处，距起点 20~30m、50m 处各布设一个监测断面。

各部位监测点要位于同一横断面上，一般路堤地段监测断面包括沉降监测桩和沉降板。沉降监测桩每断面设置 3 个，布设于双线路基中心及左右线中心两侧各 2m 处；沉降板每断面设置 1 个，布设于双线路基中心。对于软土、松土路堤地段监测断面包括剖面沉降管、沉降监测桩、沉降板和位移监测桩。其中，位移监测边桩分别位于两侧坡脚外 2m、10m 处，剖面沉降管位于基底，如图 8-1 所示。

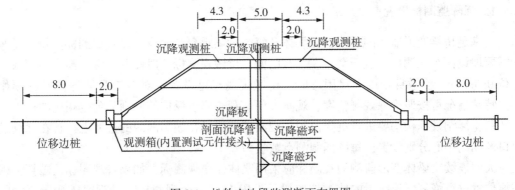

图 8-1　松软土地段监测断面布置图

8.2.2 沉降监测技术要求

路基沉降监测桩和沉降板的沉降监测按照二等水准测量技术要求进行，水准测量要求形成附合水准路线，并进行往返观测。沉降监测路线布置图如图 8-2 所示。

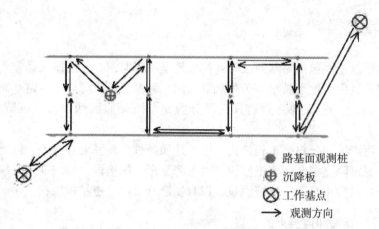

● 路基面观测桩
⊕ 沉降板
⊗ 工作基点
→ 观测方向

图 8-2 路基沉降监测点位布置及水准路线示意图

如果直接联测到线下水准基点有困难，则可以联测到路基两端桥梁上的 CPⅢ点上，然后再用此 CPⅢ点与梁下的水准基点采用三角高程方式进行联测。

8.3 桥涵工程变形监测

桥涵工程沉降监测的目的在于根据沉降资料分析，对相对沉降量或绝对沉降量可能超限的桥梁或涵洞进行报警。尤其对沉降变形大的地段，要加强监测频次，并监测轨面高程或使用轨检小车进行轨道测量，以便真实准确反映轨道结构现状，实施有针对性的措施，以保证行车安全。对大型连续梁，需要进行梁体变形监测，以确定大型连续梁随外界温度变化对轨道线形的影响。

桥涵工程沉降监测包括桥梁墩台沉降监测、涵洞和涵顶填土沉降监测、大型连续梁梁体徐变变形监测。桥涵基础沉降和梁体变形的观测精度为 1mm，高程结果取位至 0.1mm。沉降监测按国家二等水准测量技术要求执行。

8.3.1 沉降监测标设置

为满足桥梁变形监测的需要，在梁体及每个桥梁承台及墩身上设置观测标。每个桥墩均需要埋设两个观测标，位于墩身左、右两侧。桥墩观测标一般设置在墩底高出地面或常水位 0.5m 处。当墩身较矮立尺困难时，桥墩观测标可设置在对应墩身埋标位置的顶帽上。特殊情况可按照确保观测精度、观测方便、利于测点保护的原则，确定相应的位置。

每座涵洞及框构均要进行沉降监测，观测标一般设在涵洞两侧的边墙上，且在涵洞进出口及涵洞中心分别设置，每座涵洞测点数量为 6 个。

大型连续梁梁体变形监测的观测标应采用梁体徐变观测标，如果有观测标被破坏，则在原位置进行恢复。连续梁的监测按照梁长设置 18~28 个观测标。进行梁体变形观测的同时，还要对连续梁上的轨顶标高进行测量。在外业测量时，需记录测量时的外界环境因素，以分析研究连续梁梁体随环境变化而变化的规律，及其对轨道结构的影响。

8.3.2 沉降监测技术与方法

桥涵工程下部结构的沉降监测采用水准测量方法，在观测过程中要固定人员、固定仪器、固定水准路线、固定监测基点。观测路线必须形成附合或闭合路线，使用固定的工作基点对沉降监测点进行观测。对墩身超高14m，需要测量两个观测标时，往测时，一个作为转点，另外一个用中视法进行观测；返测时，两个标的观测方法相互交换，如果无法采用中视法观测，则需按照二等水准测量要求，将两个观测标均纳入水准路线。如图8-3所示。

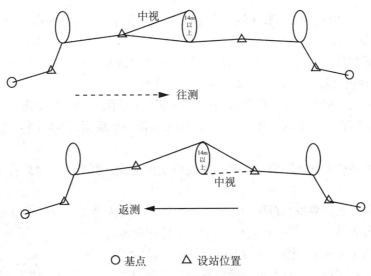

○ 基点　　△ 设站位置

图 8-3　桥梁墩台沉降监测水准路线示意图

对于大型连续梁梁体监测，一般采用二等水准测量精度要求，形成闭合水准路线，图8-4所示。所有观测线路在形成闭合环前必须置镜两次以上，以保证不会形成相关闭合环。由于下部结构沉降变形的影响，该基准线的位置会发生变化，梁体观测点至该基准线的垂直距离利用几何方法计算取得，垂直距离差值就是梁体变形量。

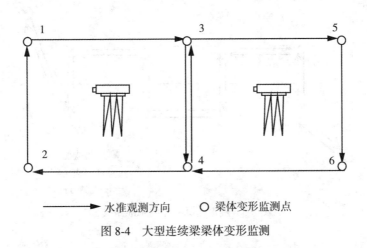

→ 水准观测方向　　○ 梁体变形监测点

图 8-4　大型连续梁梁体变形监测

8.4 隧道工程变形监测

高铁隧道工程变形监测主要是隧道基础的沉降监测，即隧道的仰拱部分沉降监测。监测的目的在于根据沉降资料分析，对相对沉降量或绝对沉降量可能超限的相邻断面及过渡段进行预测，提出改进措施，对沉降变形大的地段，加强观测频次，并对轨面高程进行监测或使用轨检小车进行轨道测量，真实准确反映轨道结构现状。隧道沉降监测一般按二等水准测量要求进行。

8.4.1 沉降监测点设置

高铁隧道工程变形监测一般在隧道主体工程完工后进行，监测周期不少于 3 个月。监测点布设要求如下：

（1）在隧道洞口结构范围内和隧道内围岩变化处均需布设一个监测断面；隧道的进出口进行地基处理的地段，从洞口起每 25m 布设一个断面。

（2）隧道内的一般地段沉降监测断面的布设根据地质围岩的级别确定，一般情况下Ⅲ级围岩每 400m 布设一个断面，Ⅳ级围岩每 300m 布设一个断面，Ⅴ级围岩每 200m 布设一个断面。

（3）隧道明暗交界处、围岩级别和衬砌类型变化地段、沉降变形缝处应至少布设两个断面。

（4）隧道洞口至分界里程范围内、施工降水范围内均需至少布设一个监测断面。

（5）路隧分界处，路、隧两侧分别布设一个监测断面。

（6）长度大于 20m 的明洞，每 20m 设置一个监测断面。

（7）隧道工程完成后，每个监测断面在相应于两侧边墙处设置一处沉降监测点。

8.4.2 沉降监测方法

隧道工程的沉降监测采用水准测量方法，按照固定的观测路线和二等水准测量技术要求进行。观测路线必须形成附合或闭合路线，使用固定的工作基点对相应沉降监测点进行观测。隧道内沉降监测水准路线如图 8-5 所示。

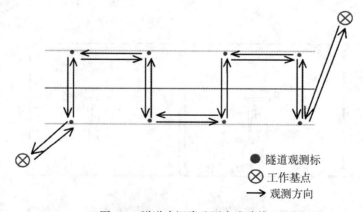

● 隧道观测标
⊗ 工作基点
→ 观测方向

图 8-5 隧道内沉降监测水准路线

8.4.3 隧道基础沉降监测频次

隧道基础沉降监测按二等水准测量技术要求施测，隧道基础沉降监测的频次不低于表 8-4 规定，隧道稳定之后不再进行观测。

表 8-4　　　　　　　　　　　　　隧道基础沉降监测频次

监测阶段	监测频次		
	监测期限		观测周期
隧底工程完成后	3 个月		1 次/周
无砟轨道铺设后	3 个月	0~1 个月	1 次/周
		2~3 个月	1 次/2 周

8.5　基于静力水准技术的自动监测

近年来，静力水准技术已广泛应用于高铁线下结构的沉降监测。该方法能够全天候、实时、自动化地监测两个及以上桥墩或过渡段的差异沉降或垂直变形，并能实现远程控制、数据自动处理及报警。

静力水准监测系统的结构如图 8-6 所示，包括数据采集系统、数据存储与处理分析系统等。数据采集模块也称测量单元，用于定时采集静力水准仪测量的数据，并记录在存储器内，增加 GPRS 传输模块后，可以将采集的数据通过无线网络传输到用户的计算机。

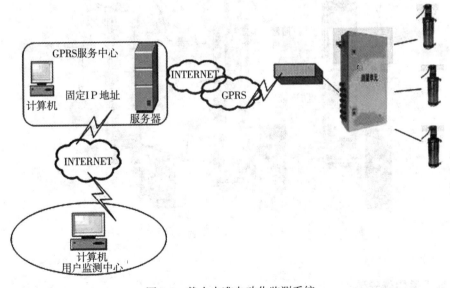

图 8-6　静力水准自动化监测系统

静力水准监测系统安装步骤如下：

8.5.1 静力水准仪安装

如图 8-7 所示，在需要监测的桥墩或其他监测点上安装固定支架，然后在固定支架上安装储液筒，基准罐和其他储液罐的标高应基本一致。然后在基准罐与其他监测罐之间布设通液管、电源线和数据采集线，三通线需要用 PVC 管保护。接下来进行系统注液和安装传感器。最后连通通气管。静力水准仪安装完成后如图 8-8 所示。

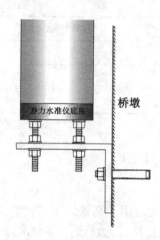

图 8-7　固定支架和储液筒

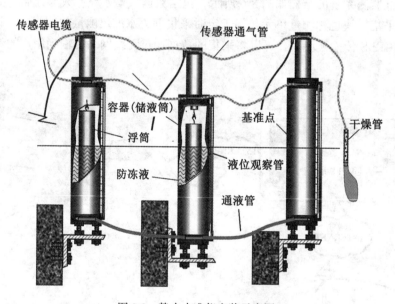

图 8-8　静力水准仪安装示意图

8.5.2 数据采集仪安装

数据采集仪可以安装在静力水准仪附近。数据采集箱安置至稳定的基础上，需要时可以埋设 100cm×30cm×50cm 的水泥墩，该墩埋深 60cm，高于地面 40cm，便于更换蓄电池

146

和日常检视。数据采集仪安装完成后，要进行系统测试，确保测量系统能测量，并定时传输数据。

8.5.3 监测周期设置

监测周期根据现场需要进行远程设置，可一天一次，也可一周一次。如果在数据处理时发现沉降速率变大或累计沉降超限等情况，应缩短观测周期。

8.6 轨道变形监测

8.6.1 轨顶标高监测

轨顶标高监测地段是以线下结构物沉降监测的分析结果来确定的。对重点监测地段的轨道高程，采用二等水准加中视的方法实施监测。轨顶标高测量通过水准测量方法，以轨道控制网（CPⅢ）点作为后视基准进行观测，进而计算得到轨道绝对沉降量的变化情况。监测时应观测轨道的低轨，观测方法如下：

（1）区间正线每块标准轨道板上测量4个点。

（2）道岔区测量道岔直股钢轨轨面，按由小里程到大里程的顺序，对每个承轨台都进行监测。

（3）相邻测站间应重叠一块板，公共点在两站中的高程值应小于等于2mm。

每次测量时，需对监测范围内的CPⅢ进行复测，对超限的CPⅢ点采用内插法进行调整，并且定期对线下精密水准网进行复测，对线上加密水准基点进行更新。对于未测量的扣件上的轨顶标高，采用内插法计算，并根据测量及内插数据计算出钢轨的附加曲线半径、长短波等。

8.6.2 轨检小车监测

如图8-9所示，轨检小车全称轨道几何状态检测仪，由轨距测量传感器、超高测量传感器、机身棱镜和高精度智能全站仪、无线通信单元等组成。它是一种能够自动检测铁路轨道内部几何状态（轨距、水平、轨向、高低、正失扭曲）和外部几何状态（轨道中线偏差、高程偏差）的测量装置。轨检小车可用于高速铁路、有轨电车、地铁、设计时速较高

图8-9　轨检小车

的有砟铁路等的轨道几何状态的检测。

在轨道变形监测中，结合线下结构变形监测的成果进行综合分析，当轨道长短波接近限差时，采用轨检小车对该段轨道进行全方面的监测，并根据轨检小车的测量值进行轨道的调整。

8.7 INSAR 技术在高速铁路工程监测中的应用

8.7.1 概述

InSAR 技术用于地面沉降监测，具有大面积获取数据、空间分辨率高、相对成本低等诸多优点。利用 SAR 获取的信息，通过干涉测量技术(InSAR)和差分干涉测量技术(D-InSAR)，可以进一步获取地面高程模型和地面高度的变化。

在高速铁路设计阶段，需要对高速铁路沿线区域性地面沉降进行监测。由于设计完成前，精密控制测量往往没有完成建网，无法进行大范围的线性区域性地面沉降分析，因此利用高分辨率卫星影像的 InSAR 技术进行区域性地面沉降分析是最为有效的手段之一。在进行 InSAR 区域沉降监测成果分析时，可综合运用水准测量、GNSS 测量和分层标、地下水位监测等技术手段进行必要补充，对各类区域沉降监测资料进行综合分析，预测沉降发展趋势。

高速铁路设计、施工和运营期间，可建立区域地表沉降监测网，定期观测，结合INSAR 成果评估分析区域地表沉降对高速铁路施工和运营的影响。采用 InSAR 技术监测，应进行专门的技术设计，确定选用的 SAR 影像分辨率和监测周期，并采用永久散射体技术、人工角反射标技术等，而且根据需要埋设一定数量的人工角反射标。

8.7.2 InSAR 技术在京沪高速铁路区域监测中的应用

京沪高速铁路是目前世界上一次建成里程最长的高速铁路，线路由北京南站至上海虹桥站，全长 1318km，纵贯北京、天津、上海三大直辖市和冀鲁皖苏四省。2008 年 1 月开工建设，2011 年 6 月 30 日开通运营，设计时速 350km。

京沪高速铁路沿线有几个大的漏斗沉降区，主要在廊坊、天津、静海、沧州、德州，由于长期地下水的开采，地面沉降严重困扰工程施工。为此，综合运用水准测量、GNSS、InSAR 和分层标、地下水位监测等技术手段，对铁路沿线进行区域性地面沉降监测。

京沪高铁北京至济南段所在区域跨越了 Envisat 卫星的两个轨道，覆盖整个监测区域。对 2007 年 4 月至 2009 年 4 月的存档数据进行隔期订购。采用 InSAR 技术通过数据处理，形成了干涉图、沉降等值线图、沉降曲线图等成果，得到了区域面状的沉降成果，如图8-10 所示。图 8-11 所示为采用水准测量和 InSAR 技术同期监测结果的比较。

通过对水准测量和 InSAR 监测的成果分析，高速铁路建设期间不同监测方法计算的沉降趋势吻合。用 InSAR 技术可以方便快捷地完成区域地表沉降监测，为高铁的施工建设提供准确的基础资料。

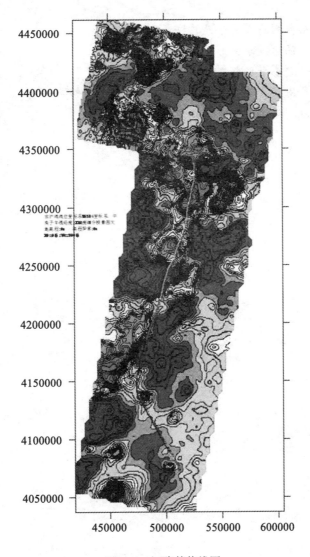

图 8-10　沉降等值线图

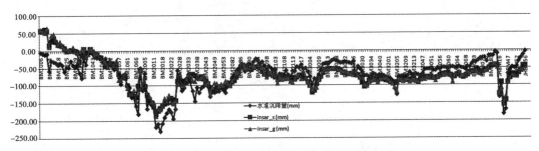

图 8-11　InSAR 技术与水准测量的同期沉降量比较

☞ **思考题**

1. 简述高速铁路监测基准网布设的技术要求。
2. 为什么要进行高速铁路变形监测?
3. 简述高速铁路路基变形监测的内容和方法。
4. InSAR 技术应用于高速铁路区域地表沉降监测的优势有哪些?
5. 轨检小车可以测量出铁路轨道的哪些几何状态?

第9章　城市轨道交通工程监测

城市是各类要素资源和经济社会活动最为集中的地方。当前，我国城市发展坚持集约发展，遵循精明增长、紧凑城市的发展原则。城市交通按照绿色循环低碳的理念进行规划与建设。城市轨道交通(urban rail transit)是采用专用轨道导向运行的城市公共客运交通系统，包括地铁、轻轨、单轨、有轨电车、磁浮、自动导向轨道、市域快速轨道系统。城市轨道交通以其高效快捷、节能环保、运能大、受气候影响小等诸多优势，已经成为城市大容量公共交通的主体。

地铁(metro，subway)是在全封闭线路上运行的大运量或高运量城市轨道交通方式，线路通常设于地下结构内，也可延伸至地面或高架桥上。地铁是城市轨道交通的主要形式，已成为解决城市容量瓶颈、缓解交通压力的有效途径。

地铁的地下结构一般分为车站结构和区间隧道。车站结构是由车站的梁、柱、墙、板、拱等主要承重构件组成的结构物，车站结构施工一般采用明挖法、暗挖法、盖挖法等施工方法，如图9-1所示。车站结构施工监测和基坑工程监测相同。

图9-1　地铁车站基坑施工

区间隧道是车站之间形成的行车所需空间的地下构筑物，区间隧道施工一般采用矿山法、浅埋暗挖法、盾构法、顶进法等施工方法，如图9-2所示。本章主要介绍地铁区间隧道工程监测。地铁隧道工程监测主要为调整和优化设计与施工参数，控制施工质量，分析和确保工程结构和周边环境的安全提供技术服务。

地铁区间隧道工程监测的对象包括支护结构、周围岩土体和周边环境。其中，支护结构是隧道开挖过程中施作的使围岩稳定的结构，包括超前支护、临时支护、初期支护和二

图 9-2　地铁区间隧道施工

次衬砌等结构；周围岩土体是隧道工程施工影响范围内的岩体、土体、地下水等工程地质和水文地质条件的统称；周边环境是地铁隧道施工影响范围内的既有轨道交通设施、建(构)筑物、市政设施等环境对象的统称。

9.1　监测技术与方法

地铁区间隧道工程监测包括新建、改建、扩建工程及工程运行维护的监测工作。在城市轨道交通控制保护区内，以上穿、下穿、并行、上跨及连接等不同穿越方式穿越既有城市轨道交通设施，并对其产生影响的建设工程，称为穿越城市轨道交通工程，简称穿越工程。当前，穿越工程施工中对既有地铁隧道监测，已成为工程运行维护监测中的主要工作内容。

地铁隧道工程监测的主要工作流程为：(1)接收监测工程委托，明确监测内容，收集和分析相关资料，现场踏勘；(2)进行监测技术设计，编制和审查监测方案，对于穿越工程监测进行安全评估和设计、施工的安全性评审；(3)现场监测的实施；(4)监测数据处理、分析和信息反馈；(5)监测报告的提交。

9.1.1　监测技术设计

地铁隧道工程监测技术设计是根据隧道工程施工风险和周边环境风险的等级和要求、地质条件复杂程度和隧道施工特点进行监测技术设计，确定监测的项目、精度级别、基准点与监测点布设位置、监测周期、监测方法、监测数据处理、监测成果内容等，编制地铁隧道工程监测方案。

GB 50911—2013《城市轨道交通工程监测技术规范》根据地铁隧道工程的施工风险等级(表 9-1)、周边环境风险等级(表 9-2)和地质条件复杂程度等级(表 9-3)，将工程监测等级由高到低划分为一、二、三级。工程监测等级的划分由三者中的最高等级确定。

工程影响分区是根据地铁隧道工程施工对周围岩土体扰动和周边环境影响的程度及范围划分的。土质隧道工程影响分区如表 9-4 所示，岩质隧道由覆盖土层特征、岩石坚硬程度、风化程度、岩体结构与构造等地质条件综合确定。

表 9-1

地铁隧道工程施工风险等级

等级	划 分 标 准
一级	超浅埋隧道；超大断面隧道(断面尺寸>100m²)
二级	浅埋隧道；近距离并行或交叠的隧道；盾构始发与接收区段；大断面隧道(断面尺寸50~100m²)
三级	深埋隧道；一般断面隧道(断面尺寸10~50m²)

表 9-2

周边环境风险等级

等级	划 分 标 准
一级	主要影响区内存在既有轨道交通设施、重要建(构)筑物、河流或湖泊
二级	主要影响区内存在一般建(构)筑物、高速公路或重要地下管线；次要影响区内存在既有轨道交通设施、重要建(构)筑物、河流或湖泊；隧道工程上穿既有轨道交通设施
三级	主要影响区内存在城市重要道路、一般地下管线或市政设施；次要影响区内存在一般建(构)筑物、高速公路或重要地下管线
四级	次要影响区内存在城市重要道路、一般地下管线或市政设施

表 9-3

地质条件复杂程度等级

等级	划 分 标 准
一级(复杂)	地形复杂；不良地质作用强烈发育；特殊性岩土需要专门处理；围岩的岩土性质较差；地下水对工程的影响较大
二级(中等)	地形较复杂；不良地质作用一般发育；围岩的岩土性质一般；地下水对工程的影响较小
三级(简单)	地形简单；不良地质作用不发育；围岩的岩土性质较好；地下水对工程无影响

表 9-4

工程影响分区

分区	范　围
主要影响区	隧道正上方及沉降曲线反弯点范围内
次要影响区	隧道沉降曲线反弯点至沉降曲线边缘 $2.5i$ 处
可能影响区	隧道沉降曲线边缘 $2.5i$ 外

表 9-4 中，i 是隧道地表沉降曲线 Peck 计算公式(R. B. Peck，1969)中的沉降槽宽度系数，单位：m。Peck 公式是在城市轨道交通隧道施工中对地表沉降预测的应用较广的方法。该方法的设定条件是隧道开挖导致地面以下土层中所形成的沉降槽体积等于土体损失的体积。地表沉降槽曲线采用正态分布函数来表示。Peck 公式为

$$S_x = \frac{V_i}{\sqrt{2\pi} \cdot i} e^{-\frac{x^2}{2i^2}} \tag{9-1}$$

$$S_{max} = \frac{V_i}{\sqrt{2\pi} \cdot i} \approx \frac{V_i}{2.5i} \tag{9-2}$$

$$i = \frac{H}{\sqrt{2\pi}\tan\left(45° - \dfrac{\varphi}{2}\right)} \tag{9-3}$$

式中，x 为到隧道中线的横向距离，m；S_x 为横断面上与隧道中线距离为 x 处的地表沉降量，mm；V_i 为隧道开挖的单位长度上的土体损失量(沉降槽面积)，m^2；S_{max} 为地表沉降量最大值(位于隧道中线上方)，mm；i 为土体的沉降槽宽度系数，m；H 为隧道上土体厚度(隧道埋深)，m；φ 为土体内摩擦角。

GB 50308—2008《城市轨道交通工程测量规范》对地铁隧道工程各监测等级的监测精度要求进行了规定，如表 9-5 所示。

表 9-5 地铁隧道监测的级别和精度要求

等级	沉降监测	水平位移监测
	监测点的高程中误差(mm)	监测点的点位中误差(mm)
一级	±0.3	±1.5
二级	±0.5	±3.0
三级	±1.0	±6.0

地铁隧道工程监测技术设计的成果是监测方案，监测方案的主要内容有：(1)地铁隧道工程概况；(2)监测的目的和技术依据；(3)监测等级和监测项目；(4)监测方法、监测实施的要求以及监测精度；(5)基准点、工作基点、监测点的布设和保护；(6)监测开始和结束的时间或条件、监测周期和监测频率；(7)监测报警值、报警制度和应急方案；(8)监测数据处理和信息反馈；(9)监测人员和仪器设备的配备；(10)安全、质量控制和管理制度。

在监测方案中，监测项目、监测周期和监测频率、结构变形允许值、监测报警值等内容是由地铁隧道工程设计单位在工程设计中制定的。

9.1.2 监测项目及方法

地铁隧道工程监测的项目主要根据监测对象的特点、工程监测等级、工程影响分区、隧道施工的情况等综合确定，以反映监测对象的变化特征和安全状态。各监测项目一般相互配套，形成完整的地铁隧道工程监测体系，满足设计和施工的要求。

地铁隧道工程监测主要采用仪器监测和现场巡视检查相结合的方法进行，监测对象包括支护结构、周围岩土体和周边环境。城市地铁区间隧道施工主要采用盾构法和矿山法施工，支护结构和周围岩土体的监测项目和常用监测仪器设备如表 9-6 所示。周边环境监测项目和常用监测仪器设备如表 9-7 所示。

在地铁隧道工程施工期间，每天应由专人进行巡视检查。巡视检查以目测方法为主，配合锤、钎、尺、放大镜等工具以及摄像设备进行。

表 9-6 地铁隧道工程支护结构和周围岩土体监测项目

监测项目		监测等级	一级	二级	三级	监测仪器设备
(一)盾构法隧道						
管片结构	沉降		应测	应测	应测	水准仪、全站仪、静力水准仪
	水平位移		应测	选测	选测	全站仪、激光准直仪
	净空收敛		应测	应测	应测	收敛计、全站仪、激光测距仪
	管片结构应力		选测	选测	选测	应力应变传感器、光纤传感器
	管片连接螺栓应力		选测	选测	选测	应力应变传感器、光纤传感器
周围岩土体	地表沉降		应测	应测	应测	水准仪
	土体深层水平位移		选测	选测	选测	测斜仪
	土体分层沉降		选测	选测	选测	水准仪、分层沉降仪
	管片围岩压力		选测	选测	选测	土压力计
	孔隙水压力		选测	选测	选测	孔隙水压计
(二)矿山法隧道						
支护结构	拱顶沉降		应测	应测	应测	水准仪、全站仪
	底板沉降		应测	选测	选测	水准仪、全站仪
	净空收敛		应测	应测	应测	收敛计、全站仪、激光测距仪
	隧道拱脚沉降		选测	选测	选测	水准仪、全站仪
	中柱沉降		应测	应测	选测	水准仪、全站仪
	中柱倾斜		选测	选测	选测	水准仪、全站仪、激光铅垂仪、正倒垂线、倾斜传感器
	中柱结构应力		选测	选测	选测	应力应变传感器、光纤传感器
	初期支护结构、二次衬砌应力		选测	选测	选测	应力应变传感器、光纤传感器
周围岩土体	地表沉降		应测	应测	应测	水准仪
	土体深层水平位移		选测	选测	选测	测斜仪
	土体分层沉降		选测	选测	选测	水准仪、分层沉降仪
	围岩压力		选测	选测	选测	土压力计
	地下水位		应测	应测	应测	水位尺、水位计

9.1.3 监测点布设

地铁隧道工程监测点的布设位置和数量是由隧道施工方法、工程监测等级、地质条件和周围环境条件等因素综合确定的,以反映监测体的形态和性态的变化情况,以及进行安全状态分析。隧道工程监测点一般按照和隧道中线相垂直的监测断面布设。

表 9-7   地铁隧道工程周边环境监测项目

监测对象	监测项目	监测仪器设备
建(构)筑物	沉降	水准仪、静力水准仪
	倾斜	水准仪、全站仪、倾斜传感器
	水平位移	全站仪、GNSS
	裂缝	裂缝监测仪、激光扫描仪
地下管线	沉降	水准仪、全站仪、静力水准仪
	水平位移	全站仪、GNSS
既有城市轨道交通	隧道结构沉降	水准仪、全站仪
	隧道结构水平位移	全站仪、激光准直仪
	隧道结构净空收敛	全站仪、巴塞特收敛系统、激光测距仪、位移传感器、激光扫描仪
	轨道结构(道床)沉降	水准仪、全站仪、静力水准仪
	隧道和轨道结构裂缝	裂缝监测仪、激光扫描仪
	轨道静态几何形位(轨距、轨向、高低、水平、扭曲、轨道中线坐标)	轨检尺、轨检车、电水平尺、位移传感器

对于盾构法隧道，监测断面布设在盾构始发和接收段、联络通道附近、左右线交叠或邻近段、小半径曲线段、地质条件复杂区段和特殊性岩土区段等位置。每个监测断面在管片拱顶、拱底、两侧拱腰处布设监测点，以进行净空收敛、沉降和水平位移监测，如图9-3 所示。收敛测线可根据需要布设成十字形或三角形。

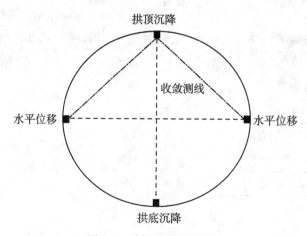

图 9-3   盾构隧道监测断面

对于矿山法隧道，监测断面间距 10~15m。每个监测断面在拱顶、两侧拱脚(全断面开挖)或拱腰(半断面开挖)处布设监测点，以进行净空收敛、沉降和水平位移监测，如图9-4 所示。收敛测线可根据需要布设 1~3 条。

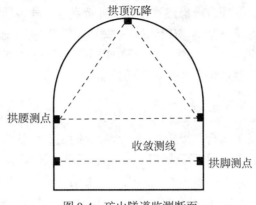

图 9-4　矿山隧道监测断面

地铁隧道的地表沉降监测沿隧道中线上方地表布设。监测等级为一级时，监测点间距为5~10m；监测等级为二、三级时，监测点间距为10~30m。在始发和接收段、联络通道、地质条件不良和易产生开挖面坍塌的部位，沿垂直于隧道中线布设横向监测断面。横向监测断面内监测点7~11个，点间距按"主要影响区密、次要影响区稀"的原则根据设计布设。

地铁隧道工程周边环境监测点根据工程影响分区，按照设计要求布设。例如，既有轨道交通隧道监测断面的间距在主要影响区为不大于5m，次要影响区为不大于10m。

9.1.4　监测频率及监测预警

地铁隧道工程监测的监测频率严格按照设计要求实施，使监测信息及时、系统地反映施工工况和监测对象的动态变化。对于既有地铁隧道的监测，一般采用自动化监测的方法。盾构法隧道贯通且设备安装完成后，结束管片结构的监测工作；矿山法隧道二次衬砌完成且周围岩土体变形稳定后，结束监测工作。一般情况下，地铁隧道工程监测频率按表9-8实施。

表 9-8　　　　　　　　　　　　　地铁隧道工程监测频率

监测部位	监测对象	盾构隧道		矿山隧道	
		开挖面至监测断面的平距 $L(m)$	监测频率	开挖面至监测断面的平距 $L(m)$	监测频率
开挖面前方	周围岩土体和周边环境	$5D<L\leq8D$	1次/(3~5d)	$2D<L\leq5D$	1次/2d
		$3D<L\leq5D$	1次/2d	$L\leq2D$	1次/1d
		$L\leq3D$	1次/1d		
开挖面后方	支护结构、周围岩土体和周边环境	$L\leq3D$	1~2次/1d	$L\leq1D$	1~2次/1d
		$3D<L\leq8D$	1次/(1~2d)	$1D<L\leq2D$	1次/1d
		$L>8D$	1次/(3~7d)	$2D<L\leq5D$	1次/2d
				$L>5D$	1次/(3~7)d

注：D 为隧道宽度，d 为天。

确定监测报警值时，要综合考虑隧道工程设计特点、工程地质、周围环境和施工情况等因素，在隧道工程设计阶段制定。GB50911—2013《城市轨道交通工程监测技术规范》和GB50308—2008《城市轨道交通工程测量规范》中规定了地铁隧道支护结构、周围岩土体和周边环境监测的最大允许变形量和变化速率的控制值。

9.1.5 监测成果提交

地铁隧道工程监测成果实行两级检查、一级验收制度。地铁隧道工程监测在完成数据采集、记录检查、平差计算和处理分析后，按周期提交监测报表。当全部监测工作完成后，提交全部监测成果。地铁隧道工程监测成果主要有：(1)监测技术设计书；(2)监测工程的平面位置图；(3)基准点、监测点的点位分布图；(4)监测标志的规格和埋设图；(5)监测数据成果以及质量评定资料；(6)变形过程曲线图表；(7)技术报告。

9.2 地铁隧道工程监测案例

9.2.1 工程概况

北京轨道交通昌平线某区间隧道采用双线盾构法施工(图9-5)，区间隧道整体呈东西走向，侧穿东沙河桥。沿线两侧重点建筑物有天运通大厦及北京市昌平区质量监督局，盾构覆土厚度为3~18m。隧道附属设施有1#、2#两座联络通道，1座废水泵房。区间隧道风险等级为三级；盾构区间侧穿东沙河桥桩，风险等级为二级；盾构区间下穿直径1m和1.2mm的雨水管，风险等级为二级。

图9-5 盾构法隧道施工

该区间隧道所处工程地质较复杂，地层沉积年代有人工填土层、新近沉积层、第四纪晚更新世冲洪积层、和蓟县系。地下水共三层，类型为上层滞水、潜水和承压水。隧道结构所处的环境条件特征为永久静水浸没环境。

9.2.2 监测的实施

地铁隧道监测等级为二级，在地铁隧道施工过程中，主要进行隧道管片结构沉降监测、隧道净空收敛、地表沉降监测、周边建筑物沉降监测、东沙河桥桩监测和地下管线(雨水管)沉降监测，等等。图9-6所示是地铁隧道平面位置示意图。

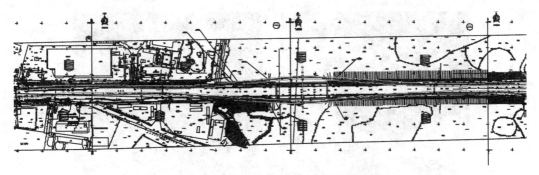

图 9-6　地铁隧道工程平面位置示意图

地铁区间隧道采用盾构法施工，管片结构监测的项目有沉降监测和净空收敛监测。管片结构沉降监测采用水准测量方法实施，沉降监测点分别设在拱顶和拱底，其中拱顶水准测量采用倒尺法进行。净空收敛监测采用收敛计方法，监测点设在两侧拱腰，如图 9-7 所示。

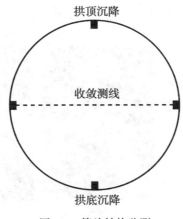

图 9-7　管片结构监测

两座联络通道采用矿山法施工，其支护结构监测方法和盾构隧道监测一致。图 9-8 所示是联络通道净空收敛监测工作示意图。

地铁隧道周围岩土体监测主要进行地表沉降监测，沉降监测采用水准测量法。地表沉降监测点沿盾构隧道中线的地表埋设，监测点间距为 20m。在盾构始发和接收段增加了监测点，监测点间距为 10m。

在盾构始发与接收段、联络通道、沿隧道中线每隔 150m 处的地表，分别布设垂直于隧道中线的横向监测断面。每个横向监测断面的监测点数量为 9 个，在主要影响区监测点间距为 5m，次要影响区间距为 10m。地表沉降监测共计布设 212 个，其点位布设图如图 9-6 所示。图 9-9 所示是地铁隧道地表沉降监测点的埋设与施测。

周边环境监测主要进行周边建筑物沉降监测、桥梁（东沙河桥）沉降监测和地下管线沉降监测。周边环境监测均采用水准测量法施测。周边建筑物监测点布设在邻近隧道一侧

图 9-8　联络通道净空收敛监测工作示意图

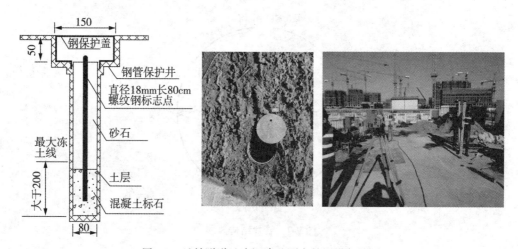

图 9-9　地铁隧道地表沉降监测点的埋设与施测

的建筑物外墙、承重柱和变形缝两侧，共计布设 36 个建筑物监测点。桥梁监测点布设在墩柱或承台上。每个墩柱和承台布设 1 个监测点，共布设 24 个桥梁监测点。

　　具备开挖条件的地下管线开挖暴露管线，将观测点直接布到管线上。不具备开挖条件的管线在对应的地表埋设间接观测点，如图 9-10 所示。地下管线监测点共计布设 28 个。

　　在地铁隧道工程施工期间，除了进行隧道支护结构、周围岩土体和周边环境监测外，每天进行巡视检查。巡视检查以目测方法为主，配合锤、钎、尺、放大镜等工具以及摄像设备进行。巡视检查直接记录在现场巡视检查记录报表中。

　　现场监测结束后，及时对监测结果进行处理和分析，按照日报、警情快报、阶段性报告和总结报告等形式提交地铁隧道监测成果。

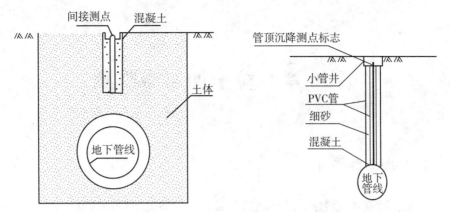

图 9-10　地下管线沉降监测点埋设示意图

☞ **思考题**

1. 地铁的地下结构有哪些类型?

2. 地铁隧道监测的监测项目有哪些?

3. 隧道支护结构净空收敛的测线怎样布设? 监测方法有哪些?

4. 地铁隧道工程监测中, 地表沉降监测点如何布设?

5. 如何确定地铁隧道工程监测等级?

第10章 粒子加速器监测

10.1 粒子加速器简介

近20年来，随着现代科学技术的迅速发展，科学研究不断向宏观宇宙和微观粒子研究领域延伸。由于这些科学研究以及工业、国防现代化的需要，必须修建许多巨型的科学实验工程和复杂的大型特种工程。高能物理和粒子物理研究中的粒子加速器便是其中之一。从加速器的功能上分，粒子加速器可分为三大类：一是以提高粒子能量为目的的高能粒子加速器，二是作为超强光源的同步辐射加速器，三是研究重粒子特性的重粒子加速器。从几何形状上分，粒子加速器主要分为直线加速器和环形加速器。它们都是通过电磁铁的电磁场实现粒子的加速以提高粒子束的能量，来完成不同的实验目的。

以北京正负电子对撞机工程为例，它是国家重大科学工程项目，于1984年10月动工兴建，1988年10月建成，并成功实现正负电子对撞。在此基础上，为了大幅度提高对撞机的整体性能，在原有BEPC隧道内增加一个储存环，实现双环对撞"一机两用"的改造（简称BEPCII）。BEPCII储存环由正电子环和负电子环组成，周长都是237.53m，两环束流中心距离是1.179m，总体布局如图10-3所示。它们在南北两点交叉，距离是65.83m。南北交叉点分别为对撞区，在南对撞区处安装有北京谱仪（BESIII）。北对撞区通过旁路管道将正电子环和负电子环的外半环连在一起，形成一个外环供同步辐射专用模式使用，周长是241.13m。

随着加速器新理论和技术的发展，被称为三代光源的加速器不断出现，尤其是以自由电子激光装置为代表的、被称为第四代光源的加速器的研制正在世界范围内兴起。加速器能量的不断提升，随之而来的加速器设备及隧道也变得越来越大。

目前，世界上最大型的粒子物理学实验室——欧洲核子研究中心（CERN），有20个成员国，已经聘用约3000名全职员工，并有来自80个国家的约6500位科学家和工程师，代表500余所大学机构，占据世界粒子物理学圈内一半的人员。其建设运行的欧洲大型强子对撞机（LHC）是现在世界上最大、能量最高的粒子加速器，包含了一个位于地下50~150m深，周长为27km的圆形隧道，所有加速器设备位于隧道内，对其精密安装就位以及变形监测，提出了非常高的要求。同时，也把精密工程测量的区域延伸至一个更大的区域。

此外，随着中微子研究成为当前物理的一个热点，越来越多的中微子实验装置在世界范围内兴建，并且其横跨区域越来越大。在国内，目前最大的国际合作、也是最大的与地方和企业合作的基础科学研究项目——大亚湾反应堆中微子实验，由国内包括科技部、基金委、科学院、广东省政府等在内的机构支持外，还有来自美国、俄罗斯、捷克，以及我国台湾及香港等国家和地区的经费支持和科学家参加。如图10-1所示，该项目位于中国广东核电集团大亚湾核电站，探测器位于临近反应堆附近山体的地下 100m 深隧道内，整个隧道长度约 4000m，横跨区域约 $4km^2$。

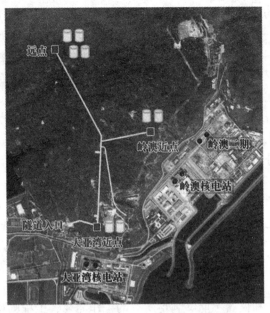

图 10-1　大亚湾反应堆中微子实验

在国外，意大利格兰萨索国际实验室下属名为 OPERA 的中微子实验装置，接收来自 730km 远日内瓦欧洲核子研究中心的质子加速器产生的中微子束。其发表的"中微子超光速"最新研究成果，正激起物理界的热烈讨论。同时，对其准直测量的中微子飞行距离结果，人们也提出了较大质疑。除此之外，如图 10-2 所示，美国最著名的物理实验室——费米实验室，正在建设长基线中微子实验（LBNE），其远点探测器距发射端 13000km，并且位于地下 15000m 深，这对其准直测量工作无疑是一项巨大的挑战。

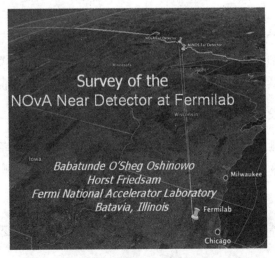

图 10-2　费米实验室的长基线中微子实验

10.2 粒子加速器的测量工作

对于粒子加速器的工程建设来说，从一开始就需要所有领域科学家、技术人员的参加，集他们的智慧于一身，来创造出一个完美的前所未有的实验设施。这对各个领域的每一位科学家和技术员来说，都需要创造性地完成各自的任务。对于测量工作者来说也是一个挑战，要保证直径仅有几十微米的粒子束尽可能地沿其设计轨道运行，达到设计的能量，以及保证粒子束在设计的对撞位置上实现对撞。所以，任何一点测量的误差和设备的移动，都将直接影响着加速器的运行质量，任何一个测量的错误(人为的或自然的)，都将严重地影响加速器工作的顺利进行。为了实现这一目标，测量人员必须从坐标系统、测量仪器、测量方法到分析方法，从测量理论到测量技术，从测量设计到测量实现等过程实现最优化。

大型粒子加速器的准直测量工作有很多特点，它属于大型精密工程测量的范畴，介于工程测量学和计量学之间，在达到一定的规模时，还涉及大地测量的内容。需要用测量学的理论和方法达到计量学的精度指标，而它们的作业条件和范围又超出了计量工作所要求的条件和范围，因此，它可以又称为微型大地测量学或大型工业计量学。

测量精度每提高一个量级，就推动工程测量向前发展一步。在大型高精度测量工程中，用常规的测量方法和仪器不能够满足所有的工作需要，工程测量人员需要针对具体的测量工作研制新的仪器，寻求新的方法，研究数据处理理论以及与提高精度有关的其他问题。

大型粒子加速器的建设和服务分为几个阶段，在不同的阶段有着不同的测量工作，这些测量工作涉及大地测量学、工程测量学、工业计量学等。

10.2.1 工程设计阶段

主要进行：参考椭球体的设计、大地水准面设计与模型的建立(大地水准面模型和离差模型)、工作水准面的测量与模型的建立(垂线偏差模型)、仪器检校实验室的建立等测量工作。

10.2.2 工程施工阶段

主要进行：建立地面测量控制网(平面和高程)、建立地面与隧道的联测网、建立地下测量控制网、建立隧道变形监测控制网、隧道掘进和质量控制等测量工作。

10.2.3 设备安装阶段

主要进行：建立地下精密测量控制网(平面和高程)，进行设备的定位测量(平面位置、高程位置和横向倾斜状态)、设备的预组装测量、设备的组装测量等测量工作。

10.2.4 设备服役阶段

主要进行：加速器的状态的检查测量(平面和高程)、隧道的变形测量和其他日常的测量工作。

10.3　粒子加速器的测量控制网

粒子加速器隧道内的准直测量控制网主要为加速器设备的安装提供基准，此外，通过变形监测的手段，可以获取设备的变形，并及时进行调整，维持加速器各个设备的准直精度。

准直测量的隧道控制网一般分为一级网和二级网。一级网的主要作用是：保证各个加速器设备及靶站、谱仪等其他实验线站之间的绝对关系的正确，并起到控制二级网的误差积累。二级网的主要作用是：保证各个加速器设备及其他线站设备的位置按照设计理论值摆放，并确保其相对位置关系的正确。本节以北京正负电子对撞机加速器隧道控制网为例，说明一、二级网控制点的布设工作。

10.3.1　一级网控制点的布设及结构

粒子加速器的一级网控制点一般为永久控制点，此外，为了满足通视性，考虑辐射防护问题，最终要协同建筑等相关部门共同确定。

为了联系直线加速器和环形加速器的测量、控制隧道内测量的误差积累，在直线和环形加速器分别布设了 2 个一级网控制点，如图 10-3 所示。为了控制点的稳定性，减少地基的影响，按照精密工程测量规范要求埋设机械传递式倒锤装置平面基准点，具体埋设如图 10-4 所示。

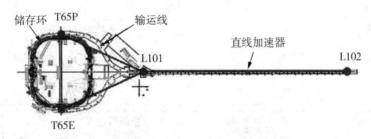

图 10-3　BEPCII 储存环一级网埋设示意图

在一级网控制点的测量中，由于控制点间的通视性等条件限制，必须通过通视孔，把隧道内一级网控制点延伸到地面后，再进行全网测量。如图 10-5 所示，为隧道内一级网控制点引出建筑物的示意图。

10.3.2　二级网控制点的布设及结构

考虑到二级网的作用主要是联系和确定隧道内各设备位置关系，并更好地控制其测量误差及积累。如图 10-6 所示，我们在隧道每组布设 5 个控制点，分别位于内墙、外墙、地面(2 个，分别为临近内墙地面，临近设备地面)和天花板。在隧道内，每隔约 3m 布设一组二级网控制点，所有布设控制点都与 38.1mm 的激光跟踪仪反射器配合，如图 10-7、图 10-8 所示，分别为地面和墙面控制点的设计图，均为自行设计加工，并用环氧树脂粘接在建筑物。由于加工误差的存在，反射球在控制点放置重复性一般优于 0.01mm，避免了传统方法由标志而带来的系统误差。

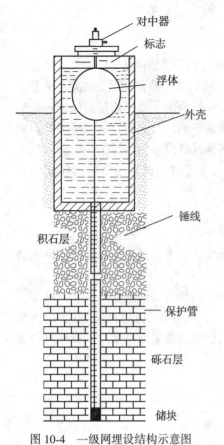

图 10-4　一级网埋设结构示意图

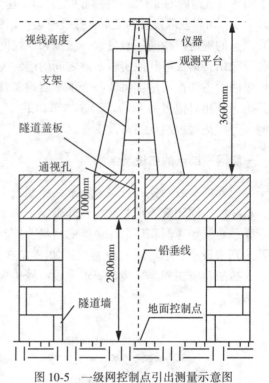

图 10-5　一级网控制点引出测量示意图

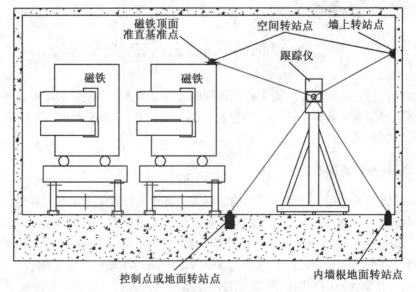

图 10-6　二级网控制点每段分布图

166

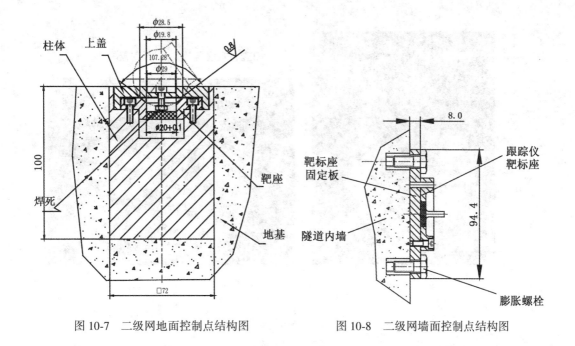

图 10-7 二级网地面控制点结构图　　　　图 10-8 二级网墙面控制点结构图

10.4 粒子加速器监测仪器

粒子加速器监测仪器主要有激光跟踪仪、关节臂式坐标测量机和静力水准系统。

10.4.1 激光跟踪仪

激光跟踪仪(Laser Tracker)是一种工业测量系统，其典型的为 Leica 公司于 1990 年推出的第一代产品 SMART310 及其最新产品 LTD500。SMART310 硬件采用美国专利生产的激光跟踪仪，软件是在 DOS 下开发完成的，1993 年又推出了 SMART310 的二代产品。激光跟踪仪的新产品是 Leica 公司于 1996 年推出的 LT500/LTD500，其中，LTD500 采用了 Leica 专利的高精度绝对测距仪，测量速度更快、更为方便。而激光跟踪仪的软件采用 Leica 统一工业测量系统平台 Axyz。Axyz 是一个综合性工业测量系统，它包括经纬仪测量模块、全站仪测量模块、激光跟踪仪测量模块(LTM)和数字摄影测量模块。由于激光跟踪测量系统的快速、动态、高精度的特点，因此已被广泛应用于航天、航空、汽车、造船、机械制造、核工业等精密工业测量领域。

10.4.1.1 仪器组成及原理

不同厂家生产的激光跟踪测量系统基本上都是由激光跟踪头、控制器、用户计算机、反射器及测量附件等组成的，如图 10-9 所示。

激光跟踪仪实际上是一台激光干涉测距和自动跟踪的全站仪，它的结构原理如图 10-10 所示，一般激光跟踪仪由以下五个部分组成：

1. 角度测量部分

包括水平度盘、垂直度盘、步进马达及读数系统，类似于电子经纬仪的角度测量装

传感器单元

控制器

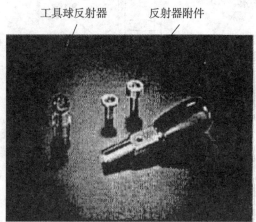

工具球反射器　　反射器附件

图 10-9　LTD500 硬件组成

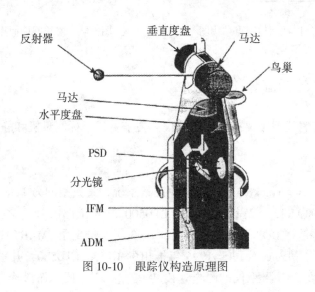

反射器　　垂直度盘　　马达

鸟巢

马达
水平度盘

PSD

分光镜

IFM

ADM

图 10-10　跟踪仪构造原理图

置，但动态性能好。

2. 距离测量部分

包括单频激光干涉法距离测量装置（IFM）、鸟巢（Birdbath）、绝对距离测量装置（ADM）和反射器等。干涉测距是利用光学干涉法原理，通过测量干涉条纹的变化来测量距离的变化量，所以激光跟踪仪的 IFM 只能测量相对距离。如需要测量跟踪头中心到空间点的绝对距离，则必须给出一个基准距离。传感器单元上有一个固定点，叫做鸟巢（Home Point 或 Birdbath），跟踪头中心到鸟巢的距离（基准距离）是已知的，当反射器从鸟巢内开始移动，IFM 测量出反射器移动的相对距离再加上基准距离，就得到绝对距离。如果激光束被打断，则必须重新回到基点以重新初始化 IFM（称为 go home），这会给实际工作带来诸多不便。因此，LTD500 上增加了一个新的功能，叫做绝对距离测量（ADM），ADM 可自动地重新初始化 IFM，但它只能用于静态点的测量，即不能用于跟踪测量。绝对距离测量 ADM 是根据斐索（Fizeau）原理（用齿轮挡光测量光速）从而计算出绝对距离

168

（和 ME500 激光测距仪的原理相同）。

3. 跟踪控制部分

主要由位置监测器(PSD)来完成。反射器反射回的光经过分光镜时，有一部分光进入位置监测器，当反射器移动时，这一部分光将会在位置监测器上产生一个偏移值，根据偏移值，位置监测器就会控制马达转动，直到偏移值为零，从而达到跟踪的目的。因此，当反射器在空间运动时，激光跟踪头能一直跟踪反射器。

4. 激光跟踪仪控制器部分

包括控制器、电源、电缆等，该部分用于向激光跟踪仪供电和进行数据交换。激光跟踪仪在进行测量时将与计算机之间进行大量的数据交换，而且要求很高的数据传输速度，因此计算机与激光跟踪仪间需通过控制器采用局域网(LAN)形式传输数据。实际上控制器是一台工控机。

5. 支撑部分

包括外壳、连接圆筒和三角底座等，用于固定跟踪仪和调整其高度。三角底座带有轮子，可方便在室内移动激光跟踪仪。

激光跟踪仪的反射器一般有猫眼反射器、角隅反射器(CCR)和工具球反射器(TBR)等几种类型。与测距仪不同的是，反射器采用球型结构，因此测量点到测量面的距离是固定的。此外，反射器的精度非常高，每个反射器在出厂前都要进行严格的检验，容许误差一般为±0.010~0.025 mm。

为了提高激光跟踪仪的测量效率和全自动化程度，激光跟踪仪还有一些专用的附件等可供选择，如数字温度、气压传感器用来自动进行气象元素测定和修正；遥感器用于在镜站的操作和控制，通过无线 MODEM 实现在镜站的坐标显示，非常方便放样等工作；带CCD 相机的取景器，可以通过监视器寻找测量目标；选倾斜传感器 Nivel20 可以将仪器整平到铅垂线方向等。

10.4.1.2 激光跟踪仪坐标测量原理

激光跟踪仪仪器坐标系是以跟踪头中心为原点，以度盘上的 0 度数方向为 X 轴，以度盘的法线向上的方向 Z 轴，以右手坐标系规则确定 Y 轴，如此建立仪器坐标系，如图10-11 所示。当操作员从跟踪仪的鸟巢中拿出反射器 P(鸟巢仪器中心的距离已知)，并在空间移动时，仪器会自动跟踪反射器，同时记录干涉测距值及水平度盘和垂直度盘 H_z、V_t，用这三个观测值，按极坐标测量原理就可得到点的空间三维直角坐标 x、y、z。

$$\begin{cases} x = D \cdot \sin V_t \cdot \cos H_z \\ y = D \cdot \sin V_t \cdot \sin H_z \\ z = D \cdot \cos V_t \end{cases} \tag{10-1}$$

10.4.1.3 激光跟踪仪的软件功能

激光跟踪仪的软件和硬件一样非常重要，都是重要组成部分。软件主要有仪器控制、坐标测量、系统校准、分析计算等功能。测量方式不仅可以测量静态目标，而且还可以对动态目标进行连续跟踪测量，对目标进行连续采样、格网采样和进行表面测量等。由于跟踪仪测量数据非常多，测量结果可以用坐标方式或图形方式显示，计算功能具有和 CAD设计数据比较分析的功能。

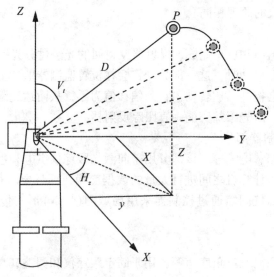

图 10-11　跟踪仪测量坐标原理

1. 静态目标测量

静态目标测量可分为单点平均测量、球面拟合测量和隐藏点测量等。单点平均测量将设定的测量次数的测量结果取平均值作为最后的结果；球面拟合测量在球面测一系列点，用球面拟合的方法求球心的坐标；隐藏点测量是通过隐藏杆测量来计算得到隐藏点坐标。可以设定单次测量的时间间隔，对球面拟合测量也可设定取样间隔和球面半径是否已知。

2. 动态目标测量

跟踪动态目标测量是激光跟踪测量系统较其他工业测量系统所特有的。它可以按时间或距离来连续采样；也可以进行空间三维格网的采样；还可以在指定下的球体或三维空间内测量；还可以对某一物体表面进行表面测量的数字化，取样的时间和距离间隔均可自由设定。

3. 测量结果显示

可在测量过程中或从测量结果的数据库中显示测量结果，达到可视化效果。可以选择坐标显示模式即只显示测量坐标，或选择图形显示模式，将测量点以图形方式显示在屏幕上，并可对显示的图形进行旋转、平移以及选择不同的视点。

4. 分析计算功能

激光跟踪仪的分析计算功能为 Axyz 的 CDM，可以用轴对准和最小二乘转换来生成新的坐标系，并进行缩放、旋转、平移等运算；可以进行各种几何参数测量，拟合各种规则形状，如直线、平面、球面、抛物面等；可以计算点线距离、点面距离，或与设计 CAD 数据进行比较等；可以从外部文件输入数据，或将测量结果以 ASCII 文件或 DXF 文件输出。另外，还具有搬站功能，只要新设站与原设站间有三个以上的公共点。系统即可迅速完成搬站后的坐标系转换工作。

10.4.1.4　仪器测量精度

激光跟踪仪的测量精度主要取决于它的角度和距离测量精度及测量环境的影响。在测量范围内，激光跟踪仪综合精度（坐标测量精度）为：重复坐标测量精度达到 ±5ppm（即

$5\mu m/m$）；绝对坐标测量精度达到$\pm 10ppm$（即$10\mu m/m$）。当然仪器精度还取决于工作场地和环境的稳定性，一般要求在室内较稳定的工作条件下进行。

10.4.2 关节臂式坐标测量机

关节臂式坐标测量机是一种多自由度非正交坐标系测量系统（如图10-12所示），广泛用于模具、汽车零部件、钣金件等的快速监测和逆向设计。其工作原理是：手持关节臂，带动测量机顶端的摄像头、激光扫描头或探针扫描至目标探测点，根据测量机各段臂长和各个关节所转过的角度可求取出目标探测点的位置或坐标。

图 10-12　关节臂式坐标测量机

关节臂式坐标测量机原理比较复杂，从测绘学的角度来看，可以将其定义为空间支导线测量原理。空间支导线的特例是平面支导线，平面支导线关节式坐标机的原理和结构较为简单，不再赘述。

仪器由测量臂、码盘、测头等组成。各关节之间测量臂的长度是固定的，且仪器带内部温度补偿器，可以补充温度变化对长度的影响。测量臂之间的转动角可通过光栅编码度盘实时得到，转角度数的分辨率可达到$\pm 1.0''$。

和三坐标测量机比较，关节臂式坐标测量机的测头安置非常灵活；和其他光学测量系统比较，它不需要测点的通视条件，因此在一些测点通视条件较差的情况下非常有效。此外，由于关节臂长的限制，它的直接测量范围有限，目前最大测量范围为$3\sim 4m$，但可以通过三维公共点坐标转换法等来扩大量程。

总之，关节臂式坐标测量机粒子加速器的预准直和安装中有着重要的作用。

10.4.3 自动测量系统

目前，在粒子加速器准直测量的自动监测系统中，主要有静力水准系统（HLS）、引张线系统等。其中以静力水准系统的研究和应用最为深入和广泛。现着重阐述一下静力水准系统的构成等。

静力水准系统是测量两点或多点间相对高程变化的精密仪器，一般安装在被测物体等高的监测点上，通常采用分布式模块化自动测量单元采集数据，通过有线或无线通信与计算机连接，从而实现自动化观测。静力水准系统的结果由静力水准仪及安装架、液体连通管及固定配件、通气连同管及固定配件、干燥管、液体等组成。安装方式分为测墩式安装和墙壁式安装，如图10-13所示。

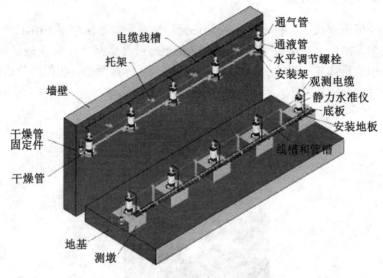

图 10-13　静力水准测量系统

20世纪80年代末 HLS 被第一次应用到法国的欧洲同步辐射装置(ESRF)，随后在世界各大加速器装置相继引入了静力水准系统。在20世纪90年代，世界上几个大的加速器实验室主要以开发基于不同原理和不同技术的静力水准系统传感器，并希望以不断提高传感器的测量精度来获取更高的精度。比如德国 DESY 实验室开发了超声波 HLS 传感器、美国阿贡(ARGONNE)开放了光电式 HLS 传感器等等。但随着 HLS 在各个实验室测量结果的不断论证，发现当 HLS 传感器的精度达到数个微米后，再提高传感器的精度不能有效地提高静力水准系统的精度，尤其当相对点之间的距离超过50m后，静力水准系统的精度往往只能达到数十个微米。显然，引起精度的变化不是由于传感器的精度不够高，而是系统受到了其他因素，包括地球固体潮在内的多种因素影响。当前，静力水准系统在粒子加速器中应用的研究不但是系统结构及传感器的深入研究，更重要的是对静力水准系统各项影响消除的研究上。

10.5　粒子加速器监测方法

10.5.1　监测方法

激光跟踪仪光束法三维平差坐标测量，是采用激光跟踪仪依次设站测量各个待定点，对所有测站的数据进行光束法平差得到各空间点的三维坐标(如图10-14所示)。光束法平差需要通过公共点来确定所有仪器设站位置相对于第一站位置的仪器姿态，其中包括3个仪器中心位置坐标，3个仪器坐标系旋转角度参数。如图10-15所示，P_1、P_2、P_3、P_4为公共点。

理论上，由于公共点在空间的位置没有变化，移站前的公共点经过坐标转换后应和移站后公共点坐标完全一致，这样移站才不会影响测量结果。而实际上，由于测量总是存在误差，移站前的公共点坐标经过转换后，和移站后的测量坐标间存在一空间距离，该距离越小，说明转换越精确。因此在有冗余的情况下，基于距离的最小二乘法来求解最佳坐标转换参数，并解求待定点坐标。

现场测量中，激光跟踪仪设站观测都进行严格整平，并利用仪器本身程序进行水平测量，以获取较高精度的水平面。储存环内控制点每段有 5 个点，相邻段间隔 3m 左右。激光跟踪仪对准 BPM 设站，如图 10-16 所示，前后观测三段控制点以及内外环磁铁单元一组。这样有 3 段控制点和两组磁铁单元基准点与前站测量搭接，则测量公共点约为 28 个。激光跟踪仪设站最小测程约为 1.5m，最长测程约为 20m，相邻设站间距约为 8m。

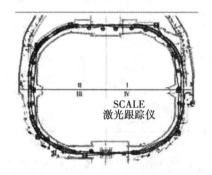

图 10-14 BEPCII 储存环以及跟踪仪测量

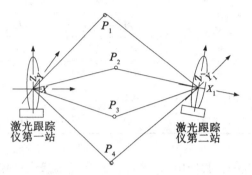

图 10-15 光束法平差测量方案图

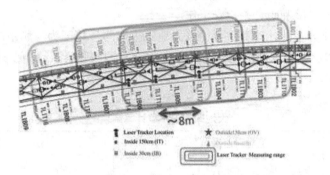

图 10-16 BEPCII 储存环内激光跟踪仪测量

在现场测量中，激光跟踪仪每次设站测量时无需对中，可以自由设站，从而较好地提高了测量效率，缩短时间。此外，每站测量都要进行严格的数据校核，例如每站测量数据与上站的搭接检查，以及与理论坐标值的拟合检查，等等。总之，跟踪功能加上与电脑的通信，可以现实对空间点三维坐标快速测量，把测量人员从繁重的瞄准工作中解放出来，极大地提高了测量效率。

10.5.2 数据的计算与分析

10.5.2.1 平面坐标计算

通过 FARO Insight 软件进行激光跟踪仪光束法平差测量，可得各站测量点在仪器坐标系下之坐标值。并且这些测量值经过严格检核，并剔除了粗差。

对实测数据进行预处理，得到全部测量点平面坐标转换到已知点坐标系下坐标值，并以此值为平差计算初始值。以储存环东西两侧永久点坐标值为起算数据，利用 Survey5.0 软件进行计算，以达到验前与验后单位权中误差一致。其全环各点平面平差精度见表10-1。

最终激光跟踪仪全环控制网、设备测量精度为：测距中误差为 0.035mm，测角精度为 1.8′。点位误差在 X 方向较大，Y 方向较小。

表 10-1 平面平差精度统计

统计量	绝对误差椭圆（mm）		相对误差椭圆（mm）	
	M_X	M_Y	M_X	M_Y
最大值	0.08	0.11	0.09	0.06
最小值	0.02	0.02	0.02	0.02
统计平均值	0.059	0.036	0.031	0.022
几何平均值	0.06	0.038	0.034	0.023

此外，我们用 Leica TDA 5005 工业级全站仪，对储存环东西两侧各选 2 个控制点进行大地四边形测量。在各点上分别架设全站仪，精密对中整平后对其余各点进行多测回边角观测。该大地四边形为狭长型，固定 S01A 及其至 S33A 方向。在数据预处理中，做好整个大地四边形粗差剔除和闭合差检查工作。

最后利用方差分量估计计算，可得该大地四边形测量精度为：测距中误差为 0.2mm，测角中误差为 0.978′。大地四边形计算结果显示有东西两侧延长趋势，具体四边形精度见表10-2。

表 10-2 大地四边形平差计算结果

点名	绝对误差椭圆（mm）		与跟踪仪差（mm）	
	M_X	M_Y	D_X	D_Y
S01A	0	0	0	0
S01B	0.05	0.004	0.486	0.349
S33A	0.23	0	−1.278	−0.001
S33B	−0.23	−0.03	−1.724	0.303

10.5.2.2 高程坐标计算

在实际测量中，由于诸多因素的束缚（包括三维坐标观测值的定权等），全环真三维平差计算还无法达到精度要求。也就是在现场测量是一个真三维的过程，只是在激光跟踪仪设站加入了严格水平的限制，这样为高程平差计算提供了保障，从而去取代传统的几何水准，大大地提高效率，减少时间。

由于激光跟踪仪每站测量前都严格整平，于是可以认为每站实测点坐标值是在仪器中心点水平面基准上之坐标。因此将高程坐标值选出，并以储存环东侧永久点高程值为起算数据，利用 NASEW 软件进行高程平差处理。并且每站测量点与仪器间距离均较近，所以在高程平差中，利用按站定权方式处理。

最终高程网平差计算精度为：0.074mm。具体高程平差精度见表 10-3，高程误差较平面误差大。此外，对全环控制点做了传统几何水准测量，并将其平差值与激光跟踪仪平差高程值做对比。

表 10-3　　　　　　　　　　　　　　　高程平差精度统计

统计量	最大值（mm）	最小值（mm）	统计平均值（mm）	几何平均值（mm）
绝对误差	0.091	0.035	0.07	0.071
相对误差	0.075	0.028	0.049	0.05
与几何水准高程差	0.432	−0.704	0.020	0.162

10.5.2.3　三维坐标计算

结合粒子加速器中的特殊要求，对三维网平差函数进行相应的改进。由于粒子加速器所要求的基准与地球水准面、地球椭球面等无关，所以全站仪观测时以垂线为基准的站心地平坐标系，与三维笛卡儿坐标系间的有个转换问题，并以此建立粒子加速器控制网的三维网平差函数模型。

$$\begin{bmatrix} X_{ik} \\ Y_{ik} \\ Z_{ik} \end{bmatrix} = R \cdot \begin{bmatrix} X_k - X_i \\ Y_k - Y_i \\ Z_k - Z_i \end{bmatrix} \tag{10-2}$$

式中，X_{ik}、Y_{ik}、Z_{ik} 为以垂线为基准的全站仪站心地平坐标系下观测值；X_k、Y_k、Z_k 为控制点在三维笛卡儿坐标系下的坐标值；X_i、Y_i、Z_i 为全站仪站心在三维笛卡儿坐标系下的坐标值；R 为旋转矩阵。

如下式所示，φ、w 和 κ 分别为绕 X、Y 和 Z 轴的旋转角度：

$$R = \begin{bmatrix} \cos\varphi \cdot \cos\kappa - \sin\varphi \cdot \sin w \cdot \sin\kappa & -\cos\varphi \cdot \sin\kappa - \sin\varphi \cdot \sin w \cdot \cos\kappa & -\sin\varphi \cdot \cos w \\ \cos w \cdot \sin\kappa & \cos w \cdot \cos\kappa & -\sin w \\ \sin\varphi \cdot \cos\kappa + \cos\varphi \cdot \sin w \cdot \sin\kappa & -\sin\varphi \cdot \sin\kappa + \cos\varphi \cdot \sin w \cdot \cos\kappa & \cos\varphi \cdot \cos w \end{bmatrix}$$
$$\tag{10-3}$$

考虑到全站仪每站观测前都严格整平，且粒子加速器装置设备横跨区域不是很大（最多在几个平方公里区域内），所以各站过站心铅垂线的相对夹角较小，也就是 φ 和 w 的角度值小，则有：

$$\sin\varphi = \varphi, \quad \cos\varphi = 1; \quad \sin w = w, \quad \cos w = 1$$

故可将式（10-3）进一步化简，则为

$$R' = \begin{bmatrix} \cos\kappa - \varphi \cdot w \cdot \sin\kappa & -\sin\kappa - \varphi \cdot w \cdot \cos\kappa & -\varphi \cdot \cos w \\ \sin\kappa & \cos\kappa & -w \\ \varphi \cdot \cos\kappa + w \cdot \sin\kappa & -\varphi \cdot \sin\kappa + w \cdot \cos\kappa & 1 \end{bmatrix} \qquad (10\text{-}4)$$

将式(10-4)代入式(10-2)中,则可以把 X_{ik}、Y_{ik}、Z_{ik} 作为观测值(称为生成观测值),并建立相应的观测方程,在给定初始近似值的情况下,对观测方程进行线性化,即可得到误差方程,由于式(10-3)的简化,其线性化过程变得简单许多,在此就不一一给出。

表 10-4 为 BEPCII 储存环 2011 年激光跟踪仪测量数据利用三维整体平差计算与传统平面加高程的平差计算结果的对比差值情况。其中,存在一定的差值,需要更进一步的研究和验证工作。

表 10-4　　　　　三维平差计算与传统(平面加高程)对比结果

坐标	最大值(mm)	最小值(mm)	统计平均值(mm)	几何平均值(mm)
X	-1.748	1.410	0.003	0.799
Y	-1.379	2.156	-0.071	0.839
Z	-2.189	2.615	-0.199	1.299

10.6　粒子加速器的设备调整

10.6.1　整体拟合调整

为了保证加速器设备中粒子束流按照理论设计位置、平滑顺利地通过,并获得相应的能量,最终实现粒子的成功对撞,这些都与粒子加速器各设备的精密安装就位及后期的调整是密不可分的。通过前面对粒子加速器控制网的布设及测量方案的阐述,我们不难获取隧道内一、二级网及主要设备基准点坐标值。

此外,由于隧道内所有设备及控制点都有其设计理论值,这样不难得到各设备离理论值的差值。但是这个差值是绝对的,其中包含了设备的整体偏移和相对偏移。而我们仅需要调整设备的相对偏移,以保证其设备内粒子束流能顺利通过的平滑性。具体做法是,将实测并平差计算得到的设备坐标值向理论值拟合,最后做差值。

现以 BEPCII 为例来说明,在储存环隧道中,东西两侧分别有两个永久点,并作为全环控制点和设备点平差计算的起算数据。但是,从全站仪测量永久点大地四边形结果可以看出,永久点本身也是有变形的。也就是说,在监测分析中,储存环所有点作为变形监测点都是产生变动的。所以,利用经典平差方法处理储存环数据而得到的坐标值,是不适宜于监测分析和设备调整的,可以通过向理论值拟合的办法解决这一问题。

现在具体阐述其中理论,实测值下的经典平差和理论值下的自由平差,其求得的观测量平差值及其线性函数完全相同,但由于两者参考系的不同,它们求得的未知参数平差值(坐标值)及其精度也不相同。由于它们的差别仅是参考系的差别,而控制网网形是相同的，就一定可以通过坐标变换，得到相同的结果。

以平面网为例，按经典平差结果为

$$x_i = x_i^0 + \delta x_i, \qquad y_i = y_i^0 + \delta y_i \qquad (10\text{-}5)$$

式中，x_i，y_i 为平差后 i 点坐标；x_i^0，y_i^0 为近似值，δx_i，δy_i 为改正数。

按自由网平差结果为

$$\bar{x}_i = \bar{x}_i^0 + \overline{\delta x_i}, \qquad \bar{y}_i = \bar{y}_i^0 + \overline{\delta y_i} \qquad (10\text{-}6)$$

式中，$\overline{\delta x_i}$ 和 $\overline{\delta y_i}$ 满足如下三个条件：

$$\sum_{i=1}^m \overline{\delta x_i} = 0, \qquad \sum_{i=1}^m \overline{\delta y_i} = 0, \qquad \sum_{i=1}^m (-\bar{y}_i^0 \overline{\delta x_i} + \bar{x}_i^0 \overline{\delta y_i}) = 0 \qquad (10\text{-}7)$$

坐标变换法，就是要通过网的平移、旋转将式（10-5）的结果变换为式（10-6），即

$$\left.\begin{array}{l} \bar{x}_i = x_i \cos\Delta\alpha - y_i \sin\Delta\alpha + \Delta x \\ \bar{y}_i = x_i \sin\Delta\alpha + y_i \cos\Delta\alpha + \Delta y \end{array}\right\} \qquad (10\text{-}8)$$

式中，Δx 和 Δy 为平移量；$\Delta\alpha$ 为旋转量。

在实际变形分析和处理中，我们通常应用经典平差方法解算全环点三维坐标值，基于上述理论进行平差结果值拟合转换，并对比分析，得出更能体现实际点位变形量的结果值。

下面为 I 区设备变形量转换前后结果对比图，如图 10-17 所示。

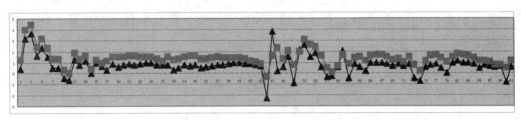

（X）

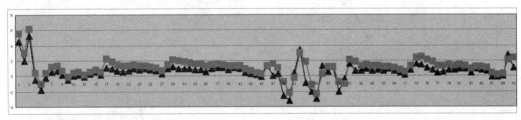

（Y）

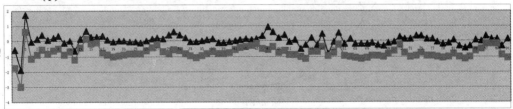

（Z）

■为经典平差变形量　▲为拟合转换变形量

图 10-17　I 区设备 X、Y、Z 方向变形量

由图 10-17 可知，通过转换后的仪器设备变形量趋势与经典平差变形量完全一致，设备点变形趋势更加平滑，更能体现储存环轨道变形量。此外，转换后仪器设备变形量 X、Y 和 Z 方向，趋近于 0，也就是说设备位置调整量更小，工作效率更高。根据给定的具体阈值，就可以对相关偏差量超阈值设备进行调整。

10.6.2 局部拟合调整

在大型粒子加速器中，由于其横跨区域非常大，且粒子束流对设备要求精度较高，上述的拟合调整还是无法满足粒子束流平滑性的要求。考虑到粒子束流对自身的法线方向较敏感，对束流方向相对来说较松。同时，束流对局部设备平滑性要求较高，整体平滑性要求相对较松。

现以 CERN(欧洲核子研究中心) 的 LHC(强子对撞机) 的准直调整为例来说明具体的过程，如图 10-18 为 CERN 的 LHC 工程隧道示意图。根据前面的介绍，不难获取隧道内各主要设备点的三维坐标值，及设备间的相对位置关系，分为设备的平面、垂直方向、水平方向。沿着束流方向选取固定个数的相邻设备点，并用多项式拟合出一个曲线(如图 10-19 所示)，随后沿着移动一个设备点，选取同样个数的相邻设备点，用同样方式拟合第二条曲线，通过对比曲线的重合部分，并通过给定的阈值来，来判断设备点的调整与否，以保证束流的平滑性，具体如图 10-20 所示。为此，欧洲核子研究中心的准直人员专门开发了相关软件——PLANE，在保准粒子束流平滑性、提高准直设备调整上具有一定的实际意义。

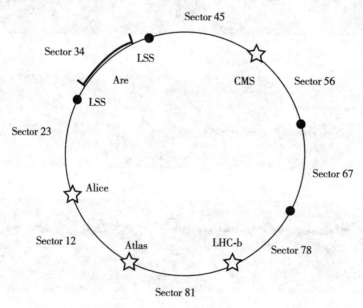

图 10-18　LHC 工程隧道示意图

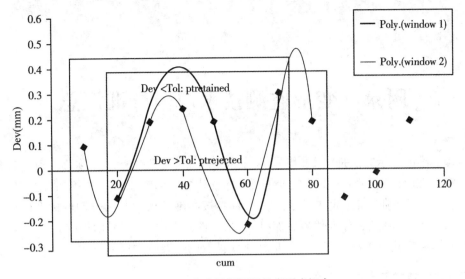

图 10-19　束流平滑调整的多项式拟合

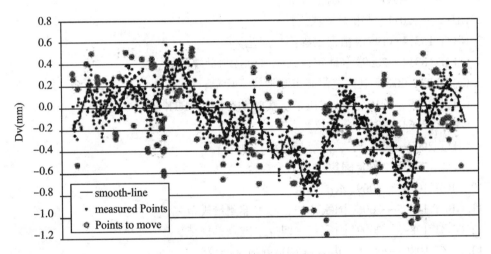

图 10-20　LHC 高程平滑后调整情况

☞ **思考题**

1. 粒子加速器的建设和服务分为几个阶段？在不同的阶段有哪些测量工作？
2. 粒子加速器的监测仪器设备有哪些？
3. 简述粒子加速器监测的内容。
4. 粒子加速器的监测方法有哪些？

附录 变形监测技术规范标准汇总

我国标准的表示方法是"标准代号 顺序号—发布年号"+"标准名称"。标准按级别划分为国家标准(标准代号:GB)、行业标准(标准代号:CH、JGJ、TB 等)、地方标准(标准代号:DB)、企业标准(标准代号:Q)。标准按实施约束力分为强制性标准(标准代号后没有/)、推荐性标准(标准代号后加/T)、指导性标准(标准代号后加/Z)。

在我国城市建设工程领域,变形监测工作涉及的主要技术标准有 46 个。

一、变形监测技术与方法类标准

1. GB 50026—2007《工程测量规范》
2. CJJ/T 8—2011《城市测量规范》
3. GB/T 15314—1994《精密工程测量规范》
4. GB/T 18314—2009《全球定位系统(GPS)测量规范》
5. CJJ/T 73—2010《卫星定位城市测量技术规范》
6. CH/T 2009—2010《全球定位系统实时动态测量(RTK)技术规范》
7. GB/T 27663—2011《全站仪》
8. CH/T 2007—2001《三、四等导线测量规范》
9. GB/T 17942—2000《国家三角测量规范》
10. GB/T 10156—2009《水准仪》
11. GB/T 12897—2006《国家一、二等水准测量规范》
12. GB/T 12898—2009《国家三、四等水准测量规范》
13. DL/T 1086—2008《光电式(CCD)静力水准仪》
14. DL/T 1020—2006《电容式静力水准仪》

二、变形监测项目管理类标准

15. CH/T 1004—2005《测绘技术设计规定》
16. CH/T 1001—2005《测绘技术总结编写规定》
17. GB/T 24356—2009《测绘成果质量检查与验收》
18. CH/T 1028—2012《变形测量成果质量检验技术规程》
19. CH/Z 1001—2007《测绘成果质量检验报告编写基本规定》
20. CH/T 1022—2010《平面控制测量成果质量检验技术规程》
21. CH/T 1021—2010《高程控制测量成果质量检验技术规程》

三、工程监测类标准

22. JGJ 8—2007《建筑变形测量规范》

23. GB 50982—2014《建筑与桥梁结构监测技术规范》

24. GB 50497—2009《建筑基坑工程监测技术规范》

25. JGJ 120—2012《建筑基坑支护技术规程》

26. JGJ 311—2013《建筑深基坑工程施工安全技术规范》

27. GB50007—2011《建筑地基基础设计规范》

28. GB50202—2002《地基基础工程施工质量验收规范》

29. GB 50330—2013《建筑边坡工程技术规范》

30. YS 5229—1996《岩土工程监测规范》

31. DZ/T 0154—1995《地面沉降水准测量规范》

32. GB/T 51040—2014《地下水监测工程技术规范》

33. JTG B01—2014《公路工程技术标准》

34. CJJ 194—2013《城市道路路基设计规范》

35. JTG D30—2015《公路路基设计规范》

36. JTG F10—2006《公路路基施工技术规范》

37. JTG/T D31—02—2013《公路软土地基路堤设计与施工技术细则》

38. TB 10101—2009《铁路工程测量规范》

39. TB 10601—2009《高速铁路工程测量规范》

40. TB 10105—2009《改建铁路工程测量规范》

41. GB 50308—2008《城市轨道交通工程测量规范》

42. GB 50911—2013《城市轨道交通工程监测技术规范》

43. TB 10121—2007《铁路隧道监控量测技术规程》

44. DB11/490—2007《地铁工程监控量测技术规程》

45. DB11/T 915—2012《穿越城市轨道交通设施检测评估及监测技术规范》

46. GB/T50833—2012《城市轨道交通工程基本术语标准》

参 考 文 献

[1]李建成，闫利．现代测绘科学技术基础[M]．北京：科学出版社，2009．

[2]张正禄，黄全义，文鸿雁等．工程的变形监测分析与预报[M]．北京：测绘出版社，2007．

[3]岳建平，田林亚．变形监测技术与应用 第2版[M]．北京：国防工业出版社，2014．

[4]李青岳，陈永奇．工程测量学(第三版)[M]．北京：测绘出版社，2009．

[5]国家电力监管委员会大坝安全监察中心．岩土工程安全监测手册(第3版)上册，[M]．北京：中国水利水电出版社，2013．

[6]杨志法，齐俊修，刘大安．岩土工程监测技术及监测系统问题[M]．北京：海洋出版社，2004．

[7]蒋明杰，朱俊高等．土压力盒标定方法研究[J]．河北工程大学学报(自然科学版)，2015，9，32(3)：5-8．

[8]陈志坚，游庆仲等．振弦式压力盒在刚性接触面应力监测中的应用研究[J]．中国工程科学，2002，4(12)：80-85．

[9]王继华，彭振斌等．浅析测斜仪监测原理和应用[J]．勘察科学技术，2005(2)：55-58．

[10]王永泉，张炎华，张文强．一种新的GPS变形监测算法及其在东海大桥上的应用[J]．桥梁建设，2007(5)：73-75，79．

[11]张景发，龚利霞，姜文亮．PS-InSAR技术在地壳长期缓慢形变监测中的应用[J]．国际地震动态，2006，330：1-6．

[12]于泓．IBIS-M系统在露天矿边坡监测的应用[D]．中国矿业大学硕士学位论文，2012．

[13]岳东杰，李红祥．GPS变形监测网网形结构对控制网质量的影响[J]．河海大学学报(自然科学版)，2008，36(5)：697-701．

[14]胡艳，胡剑．GPS单历元精密单点定位精度分析[J]．山东科技大学学报(自然科学版)，2013，32(1)：74-78．

[15]李征航，徐绍铨．全球定位系统(GPS)技术的最新进展，第三讲 GPS在变形监测中的应用[J]．测绘信息与工程，2002，27(3)：32-35．

[16]Yongqi Chen, Xiaoli Ding, Dingfa Huang, and Jianjun Zhu. A multi-antenna GPS system for local area deformation monitoring[J]. Earth Planets Space, 2000, 52：873-876.

[17]刘经南，叶世榕．GPS非差相位精密单点定位技术探讨[J]．武汉大学学报·信息科学版，2002，27(3)：234-240．

[18]Joël Van Cranenbroeck, Douglas McL HAYES and Ian R SPARKS. Driving Burj Dubai Core Walls with an Advanced Data Fusion System[C]. 3rd IAG/12th FIG Symposium, Baden, May 22-24, 2006.

[19]王新洲，邱卫宁，廖远琴等．东海大桥 GPS 天线阵列变形监测方案设计[J]．测绘工程，2006，15(6)：45-50.

[20]王超，张宏，刘智．星载合成孔径雷达干涉测量[M]．北京：科学出版社，2002.

[21]王腾，PERISSIN D，ROCCA F 等．基于时间序列 SAR 影像分析方法的三峡大坝稳定性监测[J]．中国科学：地球科学，2011，41(1)：110-123.

[22]吴宏安，张永红，陈晓勇等．基于小基线 DInSAR 技术监测太原市 2003—2009 年地表形变场[J]．地球物理学报，2011，54(3)：673-680.

[23]王桂杰，谢谟文，邱骋，江崎哲郎．D-INSAR 技术在大范围滑坡监测中的应用[J]．岩土力学，2010，31(4)：1338-1344.

[24]王谦身，安玉林，张赤军等．重力学—中国现代科学全书·固体地球物理学[M]．北京：地震出版社，2003.

[25]蒋福珍．重力测量在三峡库区形变监测中的作用[J]．武汉大学学报信息科学版，2003，28(6)：679-682.

[26]孙少安，项爱民，刘冬等．三峡工程蓄水前后的精密重力测量[J]．大地测量与地球动力学，2004，24(2)：30-33.

[27]孙少安，项爱民，徐如刚等．三峡坝区二次蓄水前后的局部重力场变化[J]．大地测量与地球动力学，2007，27(5)：99-102.

[28]M. Rodell,，I. Velicogna，and J. S. Famiglietti. Satellite-based estimates of groundwater depletion in India[J]．Nature，2009，460：999-1002.

[29]王新洲，陶本藻，邱卫宁等．高等测量平差[M]．北京：测绘出版社，2006.

[30]陶本藻．测量数据处理的统计分析理论和方法[M]．北京：测绘出版社，2007.

[31]黄声享．变形监测数据处理[M]．武汉：武汉大学出版社，2010.

[32]何书元．应用时间序列分析[M]．北京：北京大学出版社，2003.

[33]刘大杰，陶本藻．实用测量数据处理方法[M]．北京：测绘出版社，2000.

[34]沈云中，陶本藻．实用测量数据处理方法[M]．北京：测绘出版社，2008.

[35]王燕．应用时间序列分析[M]．北京：中国人民大学出版社，2007.

[36]易丹辉．时间序列分析方法与应用[M]．北京：中国人民大学出版社，2011.

[37]张勤，张菊清，岳东杰等．近代测量数据处理与应用[M]．北京：测绘出版社，2011.

[38]芮勇勤，唐杰军等．沥青路面路基病害综合检测技术选择[J]．地下空间与工程学报，2005，12：145-154.

[39]张冠军．高速铁路运营监测内容和方法研究[R]．第十三届中国科协年会论文集，2011.

[40]铁道科学研究院．客运专线无碴轨道铺设条件评估技术指南[S]．北京：中国铁道出版社，2006.

[41]张正禄等．工程测量学[M]．武汉：武汉大学出版社，2005.

[42]罗涛等．工业级全站仪在 BEPCII 中的应用研究[J]．核技术，2010(9).

[43]李广云等．工业测量系统原理与应用[M]．北京：测绘出版社，2011.

[44]于成浩等．上海光源的一级平面控制网[J]．原子能科学技术，2009，43(10)：931-934.